Fragmentos da Alma

Deixe-se ouvi

Lídia Maria Lima

Fragmentos da Alma

Deixe-se ouvir

1ª edição

2024

Dados Internacionais de Catalogação na Publicação (CIP)
(Câmara Brasileira do Livro, SP, Brasil)

Lima, Lídia Maria Sousa de
Fragmentos da alma [livro eletrônico] : deixe-se ouvir / Lídia Maria Sousa de Lima. -- 1. ed. -Choró, CE : Ed. da Autora, 2024.
PDF

ISBN 978-65-01-26335-9

1. Poesia brasileira I. Título.

24-243449 CDD-B869.1

Índices para catálogo sistemático:

1. Poesia : Literatura brasileira B869.1

Eliete Marques da Silva - Bibliotecária - CRB-8/9380

Com carinho,

para ______________________

Deixe a coragem te guiar!

____

___/___/_____

Ao soberano Deus, por seu amor incondicional.
Ao meu saudoso pai Fernando, por ser sempre meu abrigo protetor.
A minha família por nunca me abandonar.
Ao meu esposo Elton, pelo companheirismo e paciência.
Aos meus filhos, Luís Otávio e Maya Louise, por serem minha maior motivação e razão da minha felicidade. Sempre foi por vocês e sempre será.

Carta ao leitor

Sobre minhas palavras...

Não escrevo na intenção de aconselhar as pessoas ou dar orientações sobre que atitudes devem tomar diante dos acontecimentos da vida. Não sou, e nem pretendo ser exemplo de ser humano a ninguém, e muito menos sou exemplo de comportamento "exemplar" a ser seguido. E quem de fato o é? Mesmo porque, para se viver não existe uma regra definida ou uma receita pronta a ser seguida à risca. Cada vida é diferente e cada ser humano é único!

Somos sujeitos especiais, cada um com sua subjetividade, com seus sonhos e planos. Cada pessoa tem sua história de vida, com suas alegrias e tristezas, com suas perdas e conquistas. Uma história a ser escrita pelas nossas mãos e com a benção do Criador. Cada um de nós tem um jeito diferente de sentir e viver a vida. E penso eu, "o que seria do mundo se todas as pessoas fossem iguais?" Que chato seria não é mesmo? Somos mais diferentes do que semelhantes e nisso é que está a maravilha de conviver! Por sermos diferentes, temos a possibilidade da troca de experiências, de opiniões e de conhecer um ao outro com nossas singularidades que nos tornam seres humanos especiais e únicos.

O que escrevo na verdade, não tem muito a ver com experiência de vida, mas sim sobre o meu jeito peculiar de compreender e sentir a vida. E isso não tem nada a ver com a idade, mas com a sensibilidade que cada sujeito tem de sentir o mundo a sua volta. Escrevo para compartilhar um pouco de mim, de minhas sensações, pensamentos... Um pouco de quem sou eu.

Não quero aqui afirmar que a minha visão de mundo é melhor do que a de outras pessoas e muito menos dizer que ela está correta. Nessas linhas, exponho o meu "eu sensitivo". Deixo fluir os meus pensamentos e escrevo aquilo que abstraio do mundo a minha volta, aquilo que sinto a respeito da vida e dos acontecimentos do cotidiano. Deixo fluir um pouco do que aprendi com as minhas experiências, dos meus relacionamentos e das inúmeras dificuldades que encontrei na vida e que me transformaram na pessoa que hoje sou.

Não tenho a intenção de ser entendida, mesmo porque, às vezes, nem eu sou capaz de me entender! Não desejo que concordem com minhas opiniões e meu jeito de ver o mundo. Quero apenas me expressar por meio da escrita, por meio de poesias e rimas, por meio de textos que trazem minhas reflexões sobre a vida. Sempre fui amante das palavras, a leitura sempre esteve presente em minha jornada e a escrita se tornou para mim, uma forma de expressão. Por isso, deixo meus sentimentos e minhas sensações fluírem através das palavras escritas. Por meio da arte de escrever, deixo minha alma transbordar!

Portanto, caro leitor, se entregue a magia das palavras. Deixe-as penetrar em seu ser, sinta o que está explícito e implícito nas linhas que se seguirão a cada página. Permita-se sentir os fragmentos da alma!

Fragmentos da alma...

Peço licença,
as pessoas, ao mundo.
Peço licença para falar.
Falar dos sentimentos mais profundos,
que em minha alma
estão fragmentados.
Meu coração deseja desabafar,
por isso peço licença
para ele poder se expressar.
Tenho simplesmente
a alma de um poeta,
que transforma em prosa e poesia
tudo aquilo que o coração sente.
Poetizo sobre tudo da vida,
sou poeta do amor,
da tristeza e da alegria,
do prazer e da dor,
da noite e do dia.
Ao mundo peço licença
para poder poetizar,
sobre minha sublime existência
minha alma deseja falar.
Falar da dor da ausência,
da alegria de conquistar,
da tristeza da saudade,
e do prazer que é amar

sem culpa e sem maldade.
Desejo por meio de palavras,
dar vida aos meus pensamentos.
Quero apenas falar, escrever,
um pouco sobre meus sentimentos.
Agradeço a você,
que dedica um pouco do seu tempo,
para ouvir minhas singelas palavras
neste exato momento.
A você leitor,
deixo os meus sinceros agradecimentos!

Vai lá moça! Viva!

Moça,
abra a janela de sua vida,
deixe a felicidade entrar.
Você é muito linda,
tem uma áurea especial.
Não fique assim tão isolada.
Saia um pouco para caminhar.
Ouça as músicas que você tanto gosta.
Solte sua voz a cantar.
E que tal ver o pôr do sol,
e as flores admirar?
Afinal, você adorava fazer isso!
Você vai gostar!
Disso tenho certeza!
Moça,
não se entregue a tristeza.
Dentro de você tem tanta força.
Seu coração é uma fortaleza!
Solte aquela sua risada gostosa.
Ria mais de si mesma.
Termine aqueles escritos que abandonou,
você sempre foi uma escritora brilhante!
Assista aqueles filmes que você listou.
Leia aqueles livros acumulados na estante.
Visite aqueles amigos de que você se afastou
e esqueça aqueles que te machucaram.

Não sinta vergonha de suas manias,
são elas que te fazem ser assim tão especial.
Deixe seu coração ser seu guia,
ele tem uma bondade surreal!
Você tem tanta sabedoria,
para viver uma vida banal.
Moça,
Sorria!
Aceite-se como você é!
Não tenha vergonha da sua alegria.
Você ainda vai seus sonhos realizar.
Viva garota! Você pode tudo!
Apenas não deixe de acreditar.
Vai lá moca e conquiste o mundo!

E sobretudo viva!

Viver é um eterno aprendizado. E eu aprendi muito com a vida!
Eu precisei cair inúmeras vezes para aprender a me levantar e seguir em frente, mesmo diante de todos os desafios que viesse a encontrar pelo caminho.
Eu tive que cometer vários erros para aprender a acertar nas minhas decisões e atitudes.
Decepcionei-me com muitas pessoas e comigo mesma, para aprender a não criar expectativas.
Precisei perder pessoas e oportunidades para saber a dar a elas o seu devido valor.
Precisei odiar para saber que, em todos os momentos, é o amor que deve prevalecer, é pelo amor que somos capazes de nos tornar seres humanos melhores.
Tive que ser feita de trouxa para aprender a me defender daqueles que me desejam mal e constroem obstáculos para que eu não persevere.
Fui humilhada muitas vezes para saber lutar pelo meu lugar no mundo e não desistir dos meus sonhos e ideais.
Tive que chorar demasiado para aprender a sorrir, e sorrindo, descobri o que é ser feliz.
Fiquei sozinha, e na solidão, descobri quem são meus amigos, e no vazio percebi quem estava verdadeiramente ao meu lado.
Desencontrei-me de mim mesma para descobrir quem realmente sou.

Tive muitas vezes que passar pelo inferno para conhecer o verdadeiro paraíso.
E caminhei. Caminhei muito. E ainda continuo a caminhar.
Porque a vida é isso: um eterno caminho a percorrer.
Muitas vezes seguiremos por retas onde tudo aparentemente é fácil.
Contudo, sem perceber, aparecerão curvas, pedras, buracos, obstáculos enfim. E certamente sofreremos, e como vai doer...
Ah! Mas a dor ensina! E ensina muito mais que a alegria.
Teremos vontade de desistir, por instantes vamos nos afastar do mundo e degustar um pouco da nossa dor interna. Mas as lágrimas são necessárias para lavar nossa alma e nos dar ânimo para seguir nossa caminhada pela vida com determinação e esperança.
E assim, teremos forças para passar pelas curvas e transpor os obstáculos, de cabeça erguida sempre.
Inimigos para nos derrubar serão muitos, e quanto mais fortes e determinados formos, mais numerosos eles serão e tentarão nos prejudicar.
Entretanto, é preciso seguir. O caminho é longo, mas o tempo é curto e precioso e temos que usá-lo da melhor forma possível, pois pode ter certeza, ele passa!
Nunca se ofusque com o brilho alheio. Cada um tem a sua luz própria, então deixe a sua brilhar e iluminar todos aqueles que são importantes em sua vida.

Se entregue a aventura que é viver, e vivendo, aprenda, descubra, perca e encontre, chore e sorria. Caia, mas também se levante e siga em frente. No final descobrirás que o fim não existe, e caso você o encontre infelizmente não haverá mais vida.
Portanto viva! Não seja expectador da vida alheia.
Escreva a sua história de forma que ela seja a mais bela que o mundo um dia poderá ler!

Sempre haverá outra chance

Acredite no que vou dizer,
sempre haverá outra chance
e não adianta se maldizer,
sempre haverá outra oportunidade,
outra forma de melhor viver.
Um outro amor, outro emprego, outra amizade...
Mas nunca haverá outra vida.
O que importa de verdade
é o tempo não desperdiçar,
com aquilo que não traz felicidade.
O tempo vai passar,
e temos que abandonar,
tudo aquilo que não nos faz bem.
A vida é curta demais
para se ter uma existência pequena.
Não podemos deixar jamais,
de lutar pela felicidade plena
e afastar tudo aquilo que tira nossa paz.
Sempre haverá outra chance,
basta acreditar que você é capaz.
Às vezes, é preciso saber recomeçar.
Só não aceite uma vida medíocre.
Erga a cabeça e vá lutar.
Esqueça o passado e tudo que te fez sofrer.

Ou você escolhe se sentar e chorar,
ou enfrentar a vida e buscar o que deseja.
Sempre haverá outra chance.
Só não esqueça,
que o possível nunca é o bastante.
Não viva para sobreviver.
Viva por uma existência indescritível.
E isso amigo, só depende de você!

Ei, menina!

Menina,
olhe-se no espelho,
veja o mulherão que você é,
por fora e especialmente por dentro.
Vista-se de amor próprio.
Penteia esses seus lindos cabelos
e coloque aquele perfume que você tanto gosta.
Moça,
não fique triste,
tudo irá passar, creia!
Acredite em você!
Não chore por quem não é digno
de suas lágrimas.
Cuide desse seu lindo rosto.
Deixe esse seu sorriso te iluminar.
Não gaste seu tempo
com quem não te merece.
Menina,
viva novas emoções.
Busque novas aventuras.
Calce aqueles lindos sapatos
e passe por cima dessa tristeza.
Apaga essas lembranças ruins e
purifique seu coração com bons sentimentos.
Passe seu batom preferido e
saia por aí.

Deixe o vento balançar seus cabelos
e espalhar seu perfume pelo ar.
Ei, menina,
você é linda de todo jeito.
Você é especial!
Deixe que todos possam te ver,
e admirar a leveza do seu caminhar.
Levante essa cabeça moça!
Seus olhos têm um brilho surreal,
deixe-os te guiar.
Menina,
Veja a mulher maravilhosa que você é!
Mesmo com seus defeitos,
você ainda é perfeita!
Deixe sua alegria fluir.
Permita que seu olhar transmita
seus encantos.
Moça,
Seja sempre você.
Seja sempre esse encanto de mulher.
Seja linda.
Seja luz na escuridão!

Escolhas

O ser humano
tem um grande poder
chamado de liberdade,
que o permite escolher
como ele buscará sua felicidade.
Porém, ele precisa saber
que é de sua responsabilidade
às consequências
das escolhas que irá fazer.

Ser feliz

Ser feliz é algo que parece difícil,
e por vezes, complicado.
Mas não é impossível,
apesar de vivermos a realidade
de um mundo com tantas coisas horríveis,
como a discórdia e a maldade.
Para muitas pessoas,
ser feliz é só uma aparência.
Entretanto, para ser feliz de verdade
basta estar em paz com nossa consciência,
e viver a vida com simplicidade.
Ser feliz só depende de nós mesmos,
e não adianta a gente depositar
a nossa felicidade,
em outras pessoas, em coisas ou objetos.
Para ser feliz, em primeiro lugar,
é necessário parar de viver
somente para os outros agradar.
Temos que fazer
aquilo que nos dá satisfação.
Não adianta a gente se preocupar
e ficar pensando no que os outros vão dizer
sobre nossas atitudes e escolhas
e nosso jeito de viver.
É preciso também,
que a gente não crie expectativas

e não espere nada de ninguém.
Cada pessoa tem suas perspectivas,
seus sonhos e ideais de vida.
Cada ser humano busca sua felicidade,
e em tantas idas e vindas,
busca seus motivos para sorrir.
Se você não mais esperar
que os outros haja como você quer e deseja
o risco de se decepcionar
será com toda certeza,
bem menor.
O melhor que temos a fazer
é permitir que todos ao nosso redor
escolham sua maneira de ser
e de como desejam viver a vida
Afinal, é melhor se surpreender
sem nada esperar,
do quer correr o risco de se decepcionar
esperando muito de alguém.
É preciso concentrar a atenção
naquilo que a gente gosta e nos faz bem.
Sentir em cada momento a emoção
de ter uma vida toda para se viver,
repleta de sonhos, alegrias e conquistas.
Basta apenas você querer!

Um mundo melhor

O mundo seria bem melhor,
se as pessoas julgassem menos e tivessem mais atitudes.
Julgar gera afastamentos.
Atitudes, geram aproximações e resultados.
O mundo seria bem melhor,
se as pessoas fossem menos rivais, e mais unidas.
A rivalidade gera inimizades e brigas.
A união gera solidariedade.
O mundo seria bem melhor,
se as pessoas se odiassem menos e se amassem mais.
O ódio gera a maldade, a guerra.
O amor gera a bondade como verdadeira prática do amor.
O mundo não precisa de opiniões e julgamentos...
O mundo precisa de boas ações, de solidariedade e amor,
afinal o que muda o mundo para melhor, não são as
palavras, mas as atitudes que temos para com o nosso
próximo.

Viver vale a pena!

Quem disse que a vida é sempre justa?
Quem falou que seria fácil
e disse que o amor não machuca?
Quem disse que não haveria sacrifícios
e que não valia a pena fazer nada,
e achou que ser feliz era impossível,
é porque não entendeu que a vida é uma batalha,
onde nada está perdido,
pois ser feliz é sim possível,
para aqueles que nunca param de lutar.
Se um dia alguém te disser para desistir
ou para deixar de sonhar,
não faça nada disso,
pois quem muito fala,
é porque não tem compromisso
com sua própria felicidade.
Recomendo que ouça então,
a voz da paz e serenidade,
que emana do seu coração.
Mas saiba que também é preciso
ouvir a voz da razão,
para não perder oportunidades,
por agir apenas pelo calor da emoção.
Acredite sempre que na vida tudo é possível
e faça valer sua opinião.
Aproveite cada momento da vida,

e se entregue a sensação
de viver cada novo dia
como um presente, uma benção.
Mesmo que em certos momentos
venha doer o coração,
e o sofrimento for insuportável,
saiba que nada é em vão.
Acredite na sua força interior,
e que você tem em suas mãos,
o poder de fazer toda essa dor
se transformar em força para lutar.
Saiba que a vida passa,
se você deixar de nos seus sonhos acreditar.
Tudo que acontece tem um sentido,
basta não desanimar.
Assuma com a sua felicidade um compromisso
e caminhe pela vida
acreditando no seu potencial,
sempre de cabeça erguida,
Só não esqueça o essencial,
o ponto de partida,
o motivo pelo qual,
vale a pena sempre lutar!

Cada um tem sua história

Não entendo o porquê
que há quem julga as pessoas
sem antes suas vidas conhecer.
Assim acontece comigo,
Julgam-me sem antes saber,
das batalhas que travo todos os dias
para conseguir neste mundo sobreviver.

Não sou apenas um rótulo,
que alguns ousam colocar.
Sou muito mais que isso,
sou ser humano que não deixa de sonhar,
pois trago sempre comigo,
a fé e a esperança de tudo melhorar.
A felicidade é o meu compromisso.

Não permito que me julguem
sem antes me conhecer.
Não sigo os passos de ninguém,
trilho meus próprios caminhos,
e vou criando minhas regras,
para lutar pelos meus sonhos,
enfrentando a vida, apesar de suas incertezas.

Trago comigo a sabedoria,
de que não se deve aos outros julgar.
Estar vivo já é uma grande vitória,
neste mundo que vive a nos desafiar.
Cada um tem na vida sua história
que todos devem respeitar.
Uns dias são difíceis, já outros são de glória.

Assim vou a vida seguindo,
sem me prender a regras ou etiquetas.
Levo a vida sempre sorrindo,
pois a alegria é minha marca.
Vou seguindo meu caminho,
levando sempre a certeza,
que com Deus não estou sozinho.

O porquê da vida

Tudo que acontece na vida
tem um porquê.
A gente é que não percebe
e demora a entender.

A vida me ensinou

Duramente, a vida me ensinou lições que jamais poderia imaginar que aprenderia.

A vida me ensinou que não devo diminuir quem sou para permanecer em espaços que não me cabem. Eu passei a me valorizar e senti vergonha das coisas que me sujeitava para ser aceita nos grupos sociais.

A vida me ensinou que para ter equilíbrio emocional, é preciso muitas vezes ser seletiva nas amizades e até mesmo antissocial, porque a gente aprende a amar a solitude e rejeitar tudo aquilo que tire nossa paz.

A vida me ensinou que o melhor caminho para ter paz é se afastar de amizades falsas, pessoas problemáticas e fofoqueiras e principalmente de pessoas que gostam de se fazerem de vítimas por problemas que elas mesmas criaram.

A vida me ensinou que sempre haverá falta de consideração e ingratidão, e que não adianta se martirizar por isso, na verdade o melhor remédio é manter distância de gente ingrata.

A vida me ensinou a não me preocupar com os julgamentos dos outros e fazer aquilo que me faz feliz. Mesmo porque, quem julga e critica, muitas vezes não é exemplo de nada.

A vida me ensinou a ser empática e gentil sempre, pois nunca sabemos as dores que pesam dentro de cada pessoa e as atribulações que porventura, ela pode estar passando naquele momento. Lá no fundo, está todo mundo tentando se curar de alguma coisa que ninguém sabe.

A vida me ensinou que, na dúvida, as minhas escolhas devem ser pautadas na justiça e na bondade, e jamais em sentimentos temporários ou que, prejudique aos outras para que eu possa obter benefícios pessoais.

A vida me ensinou que ter paz é melhor do que ter razão, pois, no final das contas, não adianta a gente tentar se explicar para quem não está disposto a entender nosso lado.

A vida me ensinou a aceitar que nunca vai ser possível agradar a todos e que eu não preciso convencer as pessoas a gostarem de mim, pois se eu conheço o meu valor, não há necessidade de gastar meu tempo tentando prová-lo a ninguém.

A vida me ensinou a ter sabedoria para tirar lições de tudo na vida, principalmente dos erros, contudo, é preciso aperfeiçoar os acertos e para ter bons resultados, é necessário concentrar-se nos esforços

A vida me ensinou a nunca fazer mal aos outros e sempre estender a mão para ajudar quem está caído, afinal, já tem gente demais nesse mundo derrubando ou tentando derrubar os outros, até mesmo aqueles que são próximos.

A vida me ensinou a escolher sempre ser sincera e honesta com as pessoas, mas não dar minha opinião quando ela não for pedida ou bem-vinda.

A vida me ensinou que que não se deve economizar amor e a não negar fogo. Mas quando eu perceber que não é recíproco, é necessário ser gelo e se afastar.
A vida me ensinou a saber se sou importante para alguém assim como esse alguém é para mim, basta observar a forma que me trata, principalmente quando não precisa de mim.
A vida me ensinou a ser resiliente, mas nunca resignada, a não aceitar calada o mal que me fazem e situações que me trazem sofrimento.
A vida me ensinou a parar de oferecer banquetes para quem não merece e me contentar em apenas receber migalhas em troca.
A vida me ensinou a ser grata por tudo que tenho, mas nunca me acomodar e procurar sempre lutar pelos meus sonhos e buscar a cada novo dia, ser a minha melhor versão.
A vida me ensinou a ser autêntica, verdadeira, mas que muitas vezes é preciso mudar, desde que essas mudanças não afetem meus princípios e ideais de vida.
A vida me ensinou que o amor verdadeiro de uma pessoa não está no que ela diz, mas sim no que ela faz na prática que demonstre esse amor.
A vida me ensinou a não guardar um lugar na minha vida para uma pessoa que não tem a mínima intenção de estar sentado ao meu lado.

A vida me ensinou que muitas vezes, é preciso saber encerrar ciclos, pois são eles que estão atravancando nosso caminho e atrapalhando nossa vida.
A vida me ensinou que quando a gente escolhe ser de verdade e ter paz na vida, essa escolha vem com muitas despedidas e ausências.
A vida me ensinou bastante. E ainda continua a me ensinar. Enquanto há vida, há muito o que aprender.
O princípio de tudo é primeiramente dar sentido à vida, lutar pelos nossos sonhos e metas e sentir o prazer de alcançá-los! No fim, os frutos de nossas conquistas, deverão apenas serem compartilhados com aqueles que permaneceram ao nosso lado nos momentos mais difíceis e acreditaram em nossos sonhos.

Apenas seja você

Aceite sua singularidade.
Seja quem você é.
Abrace a paz e felicidade
e permita-se viver.
Siga sendo autêntica,
não importa o que os outros vão pensar.
Priorize sua essência,
e siga sendo luz ao caminhar.
Aprenda com seus erros
e aprenda também a perdoar.
Não deixe que seus medos
lhe impeçam de lutar.
Proteja sua saúde mental,
e não se deixe abalar.
Livre-se de tudo que te faz mal
e nunca deixe de sonhar.
Saiba que o essencial,
e deixar sua luz interior te iluminar.
Aprenda a diferenciar
aquilo que te edifica,
e aquilo que só vem pra te atrapalhar.
Ouça a voz da bondade que te conduz.
Deixe o amor te guiar.
Siga sua vida sendo luz.
Você nasceu para brilhar!

Desilusões do mundo

Eu nunca me iludi com o mundo.
Eu sempre soube que não era nada
e ainda sei que nada sou.
Talvez se eu fosse um grão de areia no deserto,
já valeria alguma coisa.
Vivo nesse mundo, mas não para esse mundo.
Nele nada sou.
Por isso construí meu próprio mundo,
e nele, posso ser tudo que quero.
Os olhares que me julgam, não atingem em nada
o meu desejo de viver.
Não estou aqui para agradar sendo uma farsa social..
Sou apenas eu mesma,
e não ligo para aqueles que me julgam.
Sei que nas profundezas do meu mundo, sou muito,
sou tudo que quero, sou simplesmente eu!

É preciso seguir

Eu tenho procurado ser forte e não me deixar desanimar diante das dificuldades da vida.
Tenho feito de tudo para não desistir dos meus sonhos e ideais.
Tenho tentado sorrir todos os dias, mesmo diante de tantas mágoas e tristezas que cortam minha alma e me machucam por dentro.
Mas, têm dias que não dá para ser forte o tempo todo.
Há momentos em que nossa alma cansa.
Muitas vezes, tentamos carregar o mundo em nossas costas e não conseguimos dar conta de tudo e nem solucionar todos os problemas.
E no vai e vem do cotidiano e na correria da vida, têm dias que a gente fraqueja, não consegue sorrir e desaba, chora, pensa até em desistir.
Às vezes sentimos o peso da exaustão, das responsabilidades e das decepções, diminuírem nossa vontade de viver.
O mundo lá fora cobra demais da gente, e temos uma vida tão curta... o mundo espera que sejamos perfeitos em tudo, e no fim do dia, nos sentimos incapazes.
Contudo, o problema não está em nós. Não somos obrigados a agradar o mundo e as pessoas. Nossa primeira obrigação é sermos felizes e honestos com nós mesmos e tirar de nossas costas, o peso da cobrança do mundo externo.

O importante de tudo isso é que nunca podemos desistir.
Por vezes, desanimamos e damos uma pausa, diminuímos os passos e a sobrecarga.
Mas, a nossa imensa capacidade de nos refazer e seguir em frente, mesmo diante de todos os desafios que dificultam nossa caminhada, não nos permite desistir da vida.
Dar pausas, respirar e se refazer são atitudes importantes e essenciais na nossa jornada, mas desistir, jamais!
É importante saber que não somos perfeitos, somos perfectíveis e estamos em constante evolução.
Porque na vida, apesar de tudo, é preciso seguir!
A vida vai passar de qualquer jeito. Então que ela passe com a gente sempre lutando pela nossa felicidade.

Angústia de viver

Não nasci para ser adequada,
certinha, adorável, encantadora.
Não nasci para ser exemplo de nada.
Nem de modelo de comportamento a ser seguido.
Nasci diferente, teimosa e ousada.
Tenho um jeito estranho e esquisito,
de encarar e viver a vida.

Nasci para ser gente!
Para ser mulher, e sobretudo humana.
Já nasci como uma sobrevivente,
em um mundo carrasco e perverso.
Nasci para sentir de verdade.
Sou uma estranha neste vasto universo,
onde reina o ódio e a maldade.

Nasci com vocação para transparências.
Tenho uma louca sinceridade,
e sei que comigo é difícil a convivência.
Meu gênio é forte e sou difícil de entender,
Por isso, aprendi a lidar com a ausência,
daqueles que não me aceitam como sou.
Sinto-me satisfeita com minha própria presença.

Mas aprendi que não preciso ser interessante,
e nem correta o tempo todo.
Sou uma eterna iniciante,
pois da vida, tenho muito a aprender.
Trago comigo um questionamento angustiante,
de quem ainda não sabe como viver.
Na dúvida, faço de cada segundo um eterno instante.

Nós e o tempo

Não se perca no tempo.
Não se demore no ontem.
Não se atormente com o amanhã.
A vida acontece agora
Aprecie o hoje.
Somos apenas instantes.

E o tempo...

Às vezes eu fico pensando em quantas horas já vivi até o exato momento de minha vida. Dessas horas, quantas verdadeiramente valeram a pena? Quantas eu gastei com coisas e pessoas desnecessárias?
Puxa, como me dói olhar para trás e ver quanto tempo desperdicei com coisas que não me agregaram em nada e com pessoas que não eram dignas de minha dedicação.
Quantos momentos bons deixei de viver...
Quantas pessoas negligenciei para me dedicar a quem não merecia minha atenção.
Mas, na vida é assim, é preciso errar, e olhar os erros do passado com os olhos do presente e, dessa forma, poder construir um futuro sem repetir esses mesmos erros.
O "tempo" me ensinou muito, e com ele descobri que o melhor presente que damos a uma pessoa é o tempo que dedicamos a ela com nosso afeto e atenção.
Tudo na vida pode ser recuperado, mas o tempo perdido, esse não volta mais!
Portanto, é necessário viver intensamente o hoje!
É preciso usar o seu tempo com quem realmente é digno dele.
Fazer coisas que lhe fazem bem.
E se for necessário chorar, gritar, sofrer, pois que seja!
Mas acima de tudo, é preciso sorrir, se alegrar, sentir prazer!

Essa história de que "o tempo resolve tudo" nem sempre funciona para todas as ocasiões. O tempo não é uma pessoa ou máquina.
Quem resolve tudo são nossas atitudes perante a vida.
Ao tempo, cabe a ele somente passar.
Não entregue nada nas mãos do tempo, são as suas mãos que moldam a sua arte de viver.
Hoje, não quero mais deixar o tempo simplesmente passar, quero passar pelo tempo e deixar nele a marca da minha passagem.
Desejo intensamente viver!
Quero uma vida impregnada por pessoas que elevam minha autoestima, que me fazem crescer como ser humano, e não que me diminuam somente para satisfazer ao ego delas.
Quero tirar lição de toda dor, de toda lágrima derramada e fazer do meu sofrimento, força e determinação para lutar pelos meus ideais.
O mundo é imenso, mas o tempo que passamos por ele é muito pequeno.
Portando, deixe sua marca em sua passagem pelo mundo. Deixe sua história de forma que quando fechar os olhos para a vida, você possa dizer com toda certeza: VALEU A PENA!

Tempo

Não deixe a vida passar,
mas sim passe pela vida.
Deixe nela sua marca,
antes que chegue a hora da partida.
O tempo não para.
Ele só tem caminho de ida,
mas ele nunca volta.
É preciso entender
que a vida acontece agora.
Não demore a aprender
que a vida é um sopro,
e cada minuto perdido,
é uma eternidade que passa.
Cada momento vivido
deve ser com toda plenitude.
Não há como parar o tempo,
e saber viver é uma virtude
a ser cultivada a cada momento.
Viver o hoje é ter atitude
para tomar decisões
que irão refletir por toda a vida.
Busque as razões
pelas quais queira viver.
Somos apenas instantes,
faça sua felicidade prevalecer.

Não viva pela metade.
Viva o hoje por completo,
pois amanhã pode ser muito tarde.

Desventuras da vida adulta

Queria ser criança por toda vida.
A casa dos trinta está para mim
muito triste e sombria.
Falta luz, faltam cores, falta encanto.
Eu não imaginava que um dia,
teria que conter meu pranto,
esconder toda dor e angústia,
fazendo da vida um grande engano.
Sinto falta da infância,
e por vezes me pego assim pensando,
em um mundo
em que todos nós sejamos crianças,
com sua bondade, pureza, encanto,
e até com as travessuras!
Lembro-me quando
eu queria tanto crescer.
Só não sabia, entretanto,
que para conseguir sobreviver,
teria que lutar bastante
em um mundo triste e assustador.
Trago comigo essa angústia incessante,
que traduz a vida adulta,
com uma rotina massacrante.
As mágoas são guardadas.
sufocando o coração.

e ferindo a alma,
sem abrir espaço para o perdão.
São contidas as gargalhadas,
por questão de etiqueta social.
Não se ama com a mesma intensidade.
O amor virou coisa banal.
A vida adulta não tem a simplicidade
da vida de uma criança,
que sabe valorizar a verdadeira amizade,
e carrega em seus olhos a esperança,
de um futuro melhor e sem maldade.
A vida adulta é triste!
Trago em meus peito uma saudade,
de me encantar com o brilho das estrelas.
de admirar as paisagens...
Ser criança é abraçar a vida com vontade.
Ser criança é ter energia para viver.
É viver com ousadia e liberdade.
É sonhar com o impossível,
e viajar no mundo da fantasia e imaginação.
Para uma criança viver não é difícil,
basta se entregar com emoção,
e aproveitar cada instante da vida.
Ser criança é viver com alegria o presente.
Por tudo isso, eu só queria,
ser criança eternamente.

Lembranças de um tempo bom

E do passado, eu tenho muitas lembranças.
Umas são boas, outras nem tanto.
Lembro-me do tempo em que eu era criança,
tempo em que vivia entre o riso e o pranto.
Lembro-me do quanto eu tinha esperança,
de como eu era cheia de sonhos.
Desejava viajar, conhecer lugares diferentes,
percorrer esse mundo medonho.
Recordo-me como eu vivia contente,
com as coisas mais simples da vida.
Sempre fui uma menina diferente,
que tinha os livros como melhor companhia.
Não sabia que a infância era um presente,
que no futuro eu desejaria.
O que eu mais queria era crescer.
Mas o que eu não sabia,
era que o mundo adulto era tão difícil de viver.

Houve um tempo

Houve um tempo neste mundo
que tudo era diferente.
O ser humano era mais profundo,
em atitudes e sentimentos.
Apesar das dificuldades da vida,
das angústias e sofrimentos,
as pessoas viviam mais contentes.
As crianças tinham uma vida simples,
mas estavam sempre sorridentes.

Houve um tempo em que a felicidade
estava presente no dia a dia,
Não havia tanto espaço para a maldade,
e o mundo tinha mais paz e harmonia.
Não importava a idade,
o ser humano sabia a vida desfrutar.
E essa tal simplicidade
que hoje em dia é muito rara,
era comum de se encontrar.

Houve um tempo em que as calçadas,
era ponto de encontro das crianças.
Encontravam-se para brincar,
sob os olhos da vizinhança,
que ficavam a conversar.
Falavam sempre com esperança

de que o mundo um dia ia melhorar.
Não sabiam da paz e tranquilidade
que estavam a vivenciar.

Houve um tempo em que as amizades
estavam em longas e gostosas conversas,
que começavam ao fim das tardes
e continuavam pela noite adentro.
As pessoas sabiam valorizar a presença
umas das outras a cada momento.
Não havia tantas desavenças,
porque as pessoas valorizavam o sentimento
de respeito e amizade, até mesmo na ausência.

Houve um tempo que deixou saudade.
Tempo da inocência e da pureza.
Tudo era simples... a rua, a casa, a cidade.
O ar era mais limpo, e mais verde era a natureza.
Havia tempo para contemplar com serenidade,
o perfume das flores e o brilho das estrelas.
As pessoas se amavam sem culpa e sem maldade,
E mesmo que o futuro fosse cheio de incertezas,
o amor entre elas era fortalecido pela cumplicidade.

Houve um tempo em que estudar
era um sonho de todo jovem.
Sabiam dos desafios, mas viviam a sonhar.
Aproveitavam as horas que podiam

para que o conhecimento pudesse alcançar.
Estudar, era para o jovem o caminho
de uma vida melhor poder conquistar.
Mesmo com muitos desafios,
os jovens nunca deixaram de sonhar.

Tomara que um dia a humanidade
possa recuperar seu tempo perdido
e reencontrar sua sanidade,
neste mundo atribulado e corrido,
onde o amor ao próximo é uma raridade.
Todos pensam apenas em si mesmos.
Não sabem que o amor e a caridade
é o único caminho
para encontrar a tão sonhada felicidade.

A tal felicidade

O quão horrível é ser feliz.
Chega até a incomodar
a solidão das almas tristes.
"Viver é melhor que sonhar".
Assim falava o cantor.
E se a gente parar pra pensar,
tal como o amor,
a felicidade é difícil de encontrar.
A gente vive com esse temor
e passa o tempo a esperar,
que a felicidade bata em nossa porta.
O que a gente não sabe ainda,
é que essa felicidade tão sonhada,
não é um ponto de partida,
nem tão pouco de chegada.
A felicidade acontece durante a vida,
está presente em toda sua jornada.
Não sabe ser feliz,
quem para em qualquer topada.
Somos eternos aprendizes,
que dessa vida não sabe nada.
Ser feliz é cada instante,
que a gente deseja que se repita,
ou quiçá, que não se acabe.

A morte não é o fim

A morte não é o fim,
porque existe uma forma de permanecer vivo,
mesmo depois de partir.
Podemos nos tornar imortais,
através do que deixamos aqui.
Na passagem pela vida, temos sonhos e ideais,
encontros e reencontros,
e ficamos vivos nos corações
de todos aqueles que amamos.
Dessa vida, se leva apenas
tudo aquilo que fomos.
Por isso, por mais que sejam pequenas,
nossas atitudes se transformam em lembranças.
Que sejam marcantes e boas,
pois, nada que fazemos é em vão.
Uma simples atitude que temos,
pode deixar neste mundo uma lição,
A morte é apenas uma partida
para um lugar que ainda não conhecemos.
Ela cruelmente nos apresenta,
que aquilo que importa de verdade,
é a vida que se leva.
Se nós nos veremos ainda?
Isso é algo que ainda não sabemos.
Cabe a nós, dar amor a quem amamos,
enquanto vida ainda temos.

Resiliência

Que nos falte tudo,
menos a beleza de sonhar.
Que possamos suportar tudo,
só não deixemos de
em Deus acreditar!

Solitude

Ela é tão inteligente,
e sabe de tanta coisa.
Mas ela ainda não entende,
que existem pessoas,
cheias de maldade,
que ela acha que são boas.
O que ela não sabe,
é que tem quem se aproxima,
com uma falsa amizade,
se passando de boazinhas,
quando na verdade,
são todas mesquinhas.
Mas um dia ela aprende.
Não vai mais se enganar,
Com esse tipo de gente.
Às vezes ela fica a pensar,
que o problema está nela.
Fica sozinha a chorar,
fecha portas e janelas,
não deixa ninguém entrar,
Prefere a solitude.
Não quer com ninguém falar.
Só quer Deus como companhia
para suas orações, Ele escutar.
Deus conhece sua alma
e ver sua luta silenciosa,

Diz a ela: "moça tenha calma!
Pode parecer que esteja só,
mas sozinha não está.
Estou sempre contigo,
e vou sempre Te amar.
Sou seu melhor amigo,
e vou sempre Te ajudar.
Não adianta desistir,
acredite e continue a lutar,
Estarei sempre aqui,
e seus sonhos irei realizar."

Perdida

E esse coração que clama...
Essa alma que chora...
Não entendo esses sentimentos que enlouquecem meu coração, que bagunçam minha mente e estremecem meu corpo todo.
Sinto falta...
De algo...
De alguém...
Sinto falta de tudo.
Das coisas que eu vivi
e das coisas que nem sei se vivi, ou sonhei ou senti.
Eu quero tudo, mas também não quero nada.
Estou perdida talvez, nesse universo sombrio.
Quero amor.
Quero amar.
Ser feliz para mim não importa.
O que importa mesmo é aprender a viver.
Estranhamente caminho pelas ruas
e não chego aonde quero.
Nem sei aonde quero chegar.
Me ensina meu Deus
a viver nesse mundo insano.
Ensina o caminho, indica a estrada pra chegar em algum lugar, onde eu deveria estar.

Discrepâncias do ser

Eu queria muito compreender,
porque dentro de mim há uma ânsia,
muito grande em viver.
Sou uma eterna discrepância,
entre a lucidez e a insanidade.
Não sei como dizer,
tudo aquilo que, na verdade,
vive bagunçado dentro de mim.
Não consigo aceitar a realidade,
de uma vida que parece não ter sentido.
Sinto uma angústia extrema,
em não conseguir expressar tudo que sinto.
Vejo minha vida passar como numa tela de cinema,
cheia de imagens de um tempo que sequer foi vivido.
Tenho muita coisa para falar,
mas não sei como dizer tudo isso.
Assim, prefiro me calar,
na procura de organizar meus sentimentos.
Arrumar essa bagunça que sou,
porque estou perdida em meus pensamentos.
Por vezes, não quero ser entendida.
Desejo apenas não ter que me explicar.
Quero somente que seja compreendida,
essa minha total incapacidade,
de não querer viver para agradar.

Intensa demais

Tem dias que eu estou tão intensa.
Sinto uma vontade louca de viver.
É uma vontade imensa,
que eu não consigo descrever.
Só sei que não aceito nada que seja pouco
Tenho vontade de cantar alto, correr,
sentir o vento forte contra meu corpo.
É como se uma força interior
me empurrasse de dentro de mim.
Quero me entregar ao amor,
sem medo do que vou sentir.
Quero deitar e rolar na grama.
e dessa rotina chata fugir.
Entregar-me com tudo a vida,
sem receio do que os outros vão pensar.
Parece até uma coisa insana.
Não sei como expressar.
Estou com uma vontade absurda
de não fazer nada de comum.
Quero quebrar a rotina,
romper as barreiras do "certo",
seguir meus extintos,
e simplesmente viver.
Tem dias que é assim que me sinto,
com o coração forte a bater.

E hoje é assim que estou,
eu só quero mesmo é viver...
Não sinto medo ou pavor,
só quero deixar minha alma me guiar.
Quero viver intensamente o dia de hoje
antes dele acabar.
Quero fazer algo diferente,
Fazer coisas malucas
que não costumo fazer normalmente.
Amanhã sei que não estarei mais assim
Toda essa vontade,
não estará mais aqui dentro de mim.
Hoje estou intensa demais!
Por isso, antes que o dia acabe...
Quero me aventurar enquanto sou capaz,
aproveitando toda intensidade,
Só quero mesmo é viver e nada mais!

Ela e o medo

Ela abriu a porta.
E de repente levou um susto!
Deu de cara com o medo.
Ela olhou para ele
e disse com firmeza
sem pestanejar:
- Eu não tenho medo de você!

Meus medos

Do que eu tenho medo?
Muitas coisas me causam algum tipo de temor,
mas não posso chamar propriamente de medo.
Não tenho medo de filmes de terror,
de seres de outro mundo ou de Ets.
Não tenho medo de seres abstratos
como muitas pessoas costumam ter.
Eu poderia ter medo de altura,
ter medo do escuro,
ter medo de espíritos, fantasmas
e coisas de outro mundo.
De coisas que fazem bater mais forte o coração.
Poderia ter medo de animais venenosos,
como cobra, aranha e escorpião.
Até poderia ter medo da morte.
Mas não!
Essas coisas me causam certo temor e receio,
mas não chegam a me assombrar,
não chegam a me causar medo.
O que na verdade costuma me assustar,
o que realmente me causa medo e espanto,
é a maldade presente
no coração do ser humano.

A gente aprende com a vida

Ultimamente eu tenho aprendido muita coisa com a vida, mas muita coisa mesmo!
Com o tempo a gente aprende que, apesar da vida ser tão complicada, podemos seguir em frente sempre aprendendo.
Aprendemos que tudo que venha a acontecer, depende da forma como encaramos às adversidades da vida.
Hoje, entendo que para seguir em frente, é preciso se desapegar de algumas pessoas, abandonar certas manias, e rever as "certezas" que tanto acreditamos e ir reconstruindo nossos princípios, sonhos e ideais de vida.
A vida muda bastante com o tempo.
E as pessoas também. Nada é imutável.
Portanto, é preciso que a gente acompanhe as mudanças, caso contrário, seremos prisioneiros do passado.
É necessário desatar os nós que nos prendem ao que passou e desapegar das pessoas que não fazem mais parte de nossas vidas.
Com o tempo, vamos criando laços com outras pessoas e deixamos de lado aqueles que nos feriram e seguimos adiante.
Descobri que a melhor rotina é a da paz e felicidade, que o amor próprio deve prevalecer e que toda dor e agitação interior passam.
Basta querer!

Com o tempo eu aprendi que a felicidade não mora fora de mim, ela está aqui dentro.
Só é preciso despertá-la!
E a vida...
Essa ainda terá grandes surpresas e belas companhias, sejam elas um bom livro, uma grande amizade ou quem sabe, um novo amor!
O segredo da vida é libertar-se do que nos machuca e aprisiona ao passado e abrir-se para novas descobertas, olhar em novos horizontes, traçar novos caminhos.
Aprendi que todo dia a gente tem que se reinventar para não deixar que a rotina nos paralise.
Viver é realmente um grande desafio, precisamos saber enfrentá-lo de cabeça erguida sempre e conquistar a felicidade que tanto buscamos.
Liberte-se.
Descubra-se.

Vamos menina!

Vamos lá menina!
Levante essa cabeça,
você já chorou muito.
Agora é hora de lutar.
Não se esconda mais do mundo
Ainda vale a pena viver.
Enquanto alguns te odeiam,
muitos não suportam te ver assim sofrer.
Menina,
você tem um bom coração,
é por isso que está doendo tanto assim.
Não deixe que essa triste emoção,
tire de dentro de você,
toda sua alegria,
e vontade de vencer!

Vamos lá menina!
Você é muito especial e não sabe do seu valor.
Não vale mais a pena sofrer.
Apague de dentro de ti toda essa dor.
Você ainda tem muito para viver
e muitos sonhos a realizar!
Então levante essa cabeça,
e nunca desista de lutar!
E aí?
Vamos lá?

Onde está a paz

Tudo que eu sempre quis um dia,
era a paz eu encontrar.
Estava cansada da velha rotina,
que não me deixava a vida desfrutar.
Tudo era chato, desprezível e cansativo.
Não podia mais assim continuar.
Do que adiantava está vivo
e não poder viver plenamente?
Precisava fugir para longe,
para descobrir realmente,
se eu era feliz de verdade.
Estava perdida em meus sentimentos,
não aguentava mais viver a realidade.
Para mim não fazia mais sentido,
viver em um mundo com tanta maldade,
sem paz, atribulado e corrido.
Queria somente encontrar a tranquilidade,
para meu coração sofrido.

E nesse vai e vem de tormentos,
fui procurar a paz que tanto ansiava.
Isolei-me por uns tempos,
para refletir e pensar.
E sozinho em meu silêncio
deixei minha alma falar.

Dei voz aos meus sentimentos
e meu coração passei a escutar.
Na solidão descobri,
que a paz que eu vivia a buscar
não estava no mundo lá fora,
nem era algo impossível.
Descobri nessa hora,
algo que até me fez sorrir!
Entendi que a paz verdadeira,
estava dentro de mim.

O peso das palavras

É tanto ódio nas palavras
de algumas pessoas,
que, se cada palavra proferida matasse,
o mundo no mundo seria
um eterno funeral.
Mas é assim,
espalhamos aquilo
que transborda
em nosso coração.
Por isso,
há tanto ódio
em algumas pessoas
e há tanto amor em muitas outras.
Afinal,
a gente só pode oferecer ao outro
aquilo que tem para dar.

Maldade

Eu só conseguia enxergar
nesse mundo a bondade.
Não acreditava que o mal existia.
Não sabia o que era maldade.
E assim, tive que sentir na pele
a terrível capacidade
que o ser humano possui
de agir de má fé,
ferir e pisar no seu próximo
para chegar aonde quer.

Expectativas

Houve um tempo em que eu esperava muito de tudo e de todos, inclusive de mim mesma.
Cheguei a acreditar que a maldade só existia em filmes e novelas, mas que no mundo real, todas as pessoas eram boas.
Acreditava que a honestidade era uma característica presente em todos os seres humanos.
Cheguei até a acreditar que jamais chegaria a me decepcionar com todos aqueles que confiei e compartilhei minha vida, desvendei meus sonhos e vivi momentos marcantes.
Não acreditava que a falsidade existia e que palavras amargas pudessem ser ditas, por aqueles a quem nutria sentimentos puros e verdadeiros.
E nessa forma ingênua de ver a vida, acabei criando expectativas demais a respeito das pessoas que convivia e considerava como importantes para mim.
Eu me doei, ofereci o melhor de mim para pessoas que não eram dignas do afeto e dedicação que a elas eu dedicava.
É dolorido deixar-se magoar por pessoas que tanto amamos.
Infelizmente, esses acúmulos de expectativas não fizeram bem a minha emoção.

Não estava preparada para as decepções que tive em relação às pessoas que não corresponderam as minhas expectativas.

E eu sofri. Chorei muito. Passei por momentos difíceis, porque não aceitava que as pessoas fossem capazes de serem covardes, falsas e desonestas umas com as outras.

E entre lágrimas, dores, mágoas e decepções, cheguei a acreditar que a pessoa mais errada nesses tristes acontecimentos, era eu mesma.

Eu era a culpada por confiar demais, por ter sido ingênua na maior parte das vezes e ter acreditado que todas as pessoas eram boas e confiáveis.

Não conseguia me perdoar por ter sido tão ingênua. Por ter deixado me magoar pelo excesso de expectativas.

Terminei por me fechar para o mundo, para novos relacionamentos e amizades. Não conseguia mais ver bondade no coração humano; se antes achava que todas as pessoas eram boas por natureza, passei a acreditar então, que todas as pessoas eram cruéis e falsas.

Foram tempos difíceis. Dias de tristeza e solidão. A natureza humana me assustava por sua crueldade em ferir aqueles que mais lhes dava amor.

E entre pensamentos e reflexões, percebi que a culpa não estava em mim, não estava nas pessoas, a culpa era das expectativas que criei sobre tudo e todos ao meu redor.

Foi preciso que eu me afastasse do mundo, das pessoas, para que no silêncio dos meus pensamentos, eu pudesse refletir e aprender com todas essas decepções que a vida e as pessoas me trouxeram.

Aprendi a não criar expectativas. As pessoas não estão no mundo para nos agradar e corresponder ao que esperamos delas. Algumas pessoas nos decepcionam. Já outras nos surpreendem.

Aprendi que se surpreender é bem melhor do que se decepcionar.

E o segredo para que as pessoas nos surpreendam é exatamente não criar expectativas sobre elas.

Muitas pessoas passarão por nossas vidas. Viveremos situações diversas e passaremos por momentos difíceis e alegres ao lado de inúmeras pessoas, e para não correr o risco de nos decepcionar, não devemos criar e alimentar expectativas.

Não devemos depositar no outro, a responsabilidade pela nossa felicidade e permitir que nos roubem a nossa alegria de viver.

E entre abandonos e términos, teremos que aprender a recomeçar.

Entre lágrimas e dores que nos destroem por dentro, teremos que aprender a nos reconstruir.

Entre mágoas, teremos que aprender a perdoar sem receios e seguir em frente.

E entre erros e acertos, surpresas e decepções, possamos descobrir e aprender que o maior responsável pela nossa felicidade, somos nós mesmos!

Desabafo

Hoje meu coração está dolorido,
está sofrendo...
Não há dor pior do que a de um coração sofrido.
Sinto uma dor forte no peito.
Tenho um grito preso na garganta.
Estou com uma vontade imensa,
de falar tudo àquilo que está preso dentro de mim.
É uma dor indescritível, intensa.
Tenho muito para dizer, mas opto pelo silêncio.
Essa dor me sufoca, fere minha alma.
É horrível essa sensação de inutilidade
que estou sentindo.
Quero desabar-me em lágrimas
e soltar esse grito...
Desejo desabafar essa dor e arrancar ela do meu peito.
Por que dói tanto?
Quando vai passar?
Eu agora só quero me esconder,
ficar sozinha e simplesmente chorar.
E suplicar a Deus para que essa dor logo passe.
Quero apenas em lágrimas desabafar.

Humildade

Ser humilde não fará de você
uma pessoa menor que as outras.
E muito menos irá te fazer,
superior a ninguém.
Ser humilde irá te tornar
uma pessoa de bem,
um ser humano especial e singular.
A humildade te tornará também,
um ser humano melhor.
Seja humilde. Seja do bem.
Muitos não irão reconhecer,
e por vezes, vão te criticar.
e tentar te convencer
a seu jeito mudar.
Seja humilde ainda assim.
Mas escute o que eu vou falar:
não gaste o seu tempo,
tentando aos outros provar
aquilo que você é por dentro,
quem realmente te amar
e te conhecer de verdade,
vai reconhecer
a sua humildade,
resplandecente em seu sorriso
que transmite simplicidade!

Os giros da vida

E quando a vida te virar
de cabeça para baixo,
é porque ela quer te ensinar
a viver de cabeça para cima!

Nunca mais

Um dia eu precisei ser forte.
E eu fui.
Mesmo despedaçada por dentro,
curei minhas feridas sozinha.
Levantei-me, ergui minha cabeça
e coloquei meu melhor sorriso no rosto.
E nos dias tristes e nublados,
segui firme e confiante.
Aos poucos,
consegui sair do fundo do poço.
e prometi para mim mesma:
Nunca mais permito que alguém
me coloque nesse lugar novamente!

Simplesmente ela

Com a sabedoria
que poucos tem,
ela venceu na vida.
"Ela não é ninguém",
eles disseram.
Não sabiam, porém,
o tamanho da sua força.
Ela também,
venceu seus medos,
e foi atrás do seu lugar.
Descobriu o segredo
dessa tal felicidade,
Escreveu o enredo,
e foi fazer sua história.
Ela é o avesso
do que espera a sociedade.
Ela enfrentou o mundo.
Entregou-se à liberdade,
e de cabeça erguida,
prezou pela sinceridade.
E mesmo com uma vida,
cheia de adversidade,
está sempre sorrindo
e preza sempre pela bondade.
Com a força dos seus sonhos,
encontrou a felicidade.

Desenhou os seus planos
e na sua simplicidade,
chegou onde queria.
Hoje ela é encanto,
em forma de prosa e poesia.
Sabe bem do seu valor.
Hoje ela é a alegria.
Ela simplesmente,
lutou e venceu na vida!

Desistir jamais!

E assim eu sigo a vida...
Traçando metas, e improvisando quando é preciso.
Errando algumas vezes e aprendendo em todas elas.
Ah! Mas um dia eu acerto!
Posso até não chegar aonde eu desejo,
mas uma coisa é certa,
não estarei no mesmo lugar de onde parti!
Todos esses anos de lutas e tentativas,
aprendi como ser uma pessoa melhor para o mundo.
E sobretudo, aprendi que os meus erros são
extremamente importantes para que eu possa crescer e
evoluir todos os dias como ser humano.
Mas, preciso silenciar e acalmar meu coração neste
momento da minha vida. É necessário parar um pouco
para refletir, rever meus desejos e escolher por aquilo que
realmente vale a pena lutar.
O importante é nunca deixar de acreditar que a vida pode
ser melhor, é para isso, nunca podemos parar de lutar.
Trago comigo sempre uma certeza: uma vida sem sonhos
é uma vida vazia, afinal, se não temos sonhos pelos
quais lutar, não temos motivos pelos quais viver!

Dúvidas

Às vezes me pego a pensar, "será que estou trilhando o caminho certo?"
"Até que ponto vale à pena continuar lutando pelos meus sonhos?"
É perturbador viver a vida com suas incertezas.
A dúvida é cruel e fere mais que a verdade.
Realmente, não dá muito para prevermos o que vai acontecer.
Não sabemos ao certo se tudo irá acontecer conforme planejamos e queremos.
Geralmente, as coisas simplesmente acontecem como devem ser.
Mas também sei que não posso apenas esperar que as coisas venham até minhas mãos.
Sei que, se tenho sonhos, eu preciso lutar por eles. O meu medo é de lutar em vão e não conseguir realizá-los.
Sou o tipo de pessoa, que costumo traçar planos para tudo, das coisas mais simples da vida, até as mais complexas.
Mas infelizmente, as coisas nem sempre saem como eu planejo e assim eu sigo vivendo de improvisos.
A vida é muito mais complicada do que eu imaginei um dia, não dá para controlar tudo o tempo todo.
Mas, descobri que posso controlar a parte da vida que depende de mim, da minha iniciativa e escolha própria.

Descobri também que, mesmo não podendo controlar a parte da vida que depende do mundo, do acaso ou dos outros, posso controlar minha reação diante dos acontecimentos da vida.
A certeza que tenho é que, eu nunca desisti e nem vou.
Não faz parte de minha personalidade desistir fácil das coisas que desejo.
Eu até me canso, claro! Pausas são necessárias.
Mas eu sempre vou seguir tentando. Tentarei quantas vezes forem necessárias até acertar!
Enquanto há vida, há esperança, o importante é perseverar.
Enquanto houver sonhos, haverá motivos para continuar lutando.
Enquanto eu estiver viva, estarei lutando pelo que acredito, tendo sempre como motivo primordial, a felicidade e o bem-estar de todos aqueles que eu amo.

Siga em frente sempre

Nem sempre é fácil se viver.
A vida me derrubou algumas vezes,
me mostrou coisas que nunca quis ver,
e trouxe desafios que pensei não suportar.
Teve momentos que fui ingênua
e me deixei enganar.
Tive que errar para aprender.
Senti tristeza quando falhei.
Lutei pelo que queria ter
e para ser tudo que sonhei.
Chorei quando sofri.
E como chorei!
Mas uma coisa é certa:
eu sempre me levantei!

Não espere

Um grande erro
a ser cometido por alguém,
é esperar receber muito
de quem não tem nada para oferecer.
É isso não é sobre coisas,
é sobre sentimentos e atitudes.

Pessoas e flores

Têm pessoas que dizem que eu "não sou flor que se cheire".
Isso é uma grande mentira!
Eu sou flor que se cheire sim!
O que eu não sou, é flor para ser machucada.
Não sou flor para ter minhas pétalas esmagadas.
Todos nós somos como uma flor, e cada um tem seu perfume próprio, seu diferencial.
Assim, procuro ao máximo espalhar por aí o meu perfume, dou o melhor de mim.
Sei que muitas vezes meu perfume não agrada a todos, porque as pessoas possuem suas preferências e às vezes, minha essência não é uma delas.
Contudo, há pessoas que se agradam com meu perfume, me querem por perto de seu jardim.
A essas pessoas, eu tenho o prazer de retribuir o sentimento lindo de respeito, amor e ternura que me ofertam.
Mas como toda flor, se eu for ferida vai doer. E dói muito!
Principalmente quando a pessoa que esmaga minhas pétalas é alguém a quem eu tenho afeição.
Não sei como as outras flores reagem quando são feridas, mas eu não sou de ser ferida. Isso porque aprendi a me defender.
Como toda linda flor perfumada tem espinhos, eu tenho os meus.

Como toda flor tem seu veneno, eu também tenho o meu. E se eu nasci com espinhos e veneno, é porque eles são necessários para eu usar em minha defesa.
Haverá momentos na vida, que infelizmente terei que usar esses defeitos inerentes a cada flor, pois não nasci para ser esmagada.
Nasci para perfumar o mundo com o melhor de mim.
A quem desejar, terá de mim o melhor do meu perfume.
Farei de tudo para oferecer a melhor essência a quem me quiser bem.
Mas, também deixo claro a todos que, se vier para esmagar ou ferir minhas pétalas, prepare-se para lidar com meus espinhos e venenos.
E nesse infinito jardim que é o mundo, cada um terá de mim o que oferta por meio de suas atitudes.
Posso ser flor que se cheire, mas também posso ser o espinho que machuca.
E aí, o que você prefere?

Solidão

Quisera eu em meio à multidão, falar e ser ouvida.
Ah! Como queria que minha voz fizesse eco no grande vazio do universo e pudesse chegar ao interior dos corações humanos.
Sinto um turbilhão de pensamentos vagando dentro de mim, muitos deles querendo ser expressos...
Ah! Solidão! Como você é cruel e ao mesmo tempo tão sábia!
Estou só em meio à multidão.
Sinto às vezes, uma enorme vontade de falar, mas prefiro me silenciar, pois, minhas palavras jamais serão entendidas.
Sou um ser estranho vagando pelo mundo de seres normais.
Muitas vezes, ao olhar para a vastidão do céu e imaginar o quão grande é o universo, fico a indagar, "de onde vim?", "por que estou aqui?".
Sinto-me não pertinente a esse mundo.
Oscilo constantemente sobre quem sou e devo ser.
Quero me encontrar, quero entender por que ainda me sinto assim, desejo em meu âmago poder me entender e ser entendida.
Será que há por aí seres semelhantes a mim?

Será que existe mais alguém se sentindo sozinho e estranho neste universo?
Quisera falar, mas além de tudo, quisera eu ser ouvida e compreendida.
Chamam-me de esquisita, estranha...
Contudo, não me importo!
Não consigo me abalar com as opiniões alheias...
Não. Não sou esquisita! Sou simplesmente "eu"!
Com meu jeito peculiar, mas simples de ser.
Sinto muito se a minha solidão incomoda a certas multidões vazias.
Satisfaço-me com a companhia das estrelas e da lua.
Apesar na ausência da presença humana, sei que não estou só com meus pensamentos malucos sobre tudo e todos, pois, em minha solidão eu me encontro.
Para meu céu, basta o brilho das estrelas.
E se o mundo não me aceitar assim como sou,
não tem problema! Eu construo meu próprio mundo.

Verdades

E no final,
toda a máscara cai
toda verdade aparece,
toda maquiagem sai
e a mentira se revela.

Amigo verdadeiro

Perdemos amigos quando somos sinceros demais, quando falamos o que sentimos e pensamos.
Se formos verdadeiros e não usarmos máscaras para fingir ser quem não somos, as pessoas se afastam.
Perdemos amigos por não comungarmos dos mesmos ideais de vida, de partidos políticos e de concepções religiosas.
E as pessoas se afastam quando, de alguma forma, não somos mais úteis a elas, porque a amizade baseada na utilidade morre quando a necessidade do outro acaba.
Perdemos amigos quando estamos passando por momentos difíceis, afinal, ninguém quer estar ao lado de uma pessoa com problemas financeiros, desempregado ou doente. São os chamados "pessoas complicadas".
Existe até aquele tipo de amigo que não suporta ver o sucesso do outro, e começa a desfazer ou criticar suas conquistas.
No final, permanecem não aqueles que são iguais a nós, mas aqueles que nos aceitam apesar das nossas diferenças e defeitos, de nossas inutilidades, apesar de ser quem somos de verdade. Permanecem aqueles que vibram com nossas conquistas como se fossem delas mesmas.
Se você tem um amigo assim, cuide bem dele.
Não é apenas um amigo,
é um anjo que Deus colocou em sua vida!

Cuidado com gente falsa

No decorrer de nossas vidas,
conhecemos vários tipos de pessoas.
Têm delas que se destacam pela alegria,
que a gente logo se afeiçoa.
Mas, infelizmente,
têm algumas que são egoístas,
nos enganam completamente,
fingindo ser gentis e amistosas.
São pessoas que em seu interior,
possuem intenções maldosas.
Enganam todos ao seu redor,
distorcendo a realidade,
para que o jogo esteja sempre ao seu favor.
Esse tipo de pessoa usa da falsidade
e têm o poder da manipulação.
Nunca assume seus erros,
pois no interior do seu coração,
possui sentimentos maldosos.
Sua única intenção,
é conseguir tirar vantagens,
de toda e qualquer situação.
Pessoas desse tipo, devemos sempre evitar,
para ter paz no coração.
Elas só sabem em nós despertar,
sentimentos tristes e negatividade.

Essas pessoas só conseguem aceitar,
coisas que lhes são convenientes.
Adoram os outros culpar,
mesmo sabendo que são inocentes.
Elas costumam se alimentar
da tristeza e do sofrimento alheio.
Tentam até disfarçar,
o prazer e a satisfação que sentem,
em ver alguém chorar.
Essas pessoas de tudo fazem
para ao seu próximo prejudicar.
Para sua saúde emocional,
procure dessas pessoas se afastar.
Evite gente que se aproxima por ganância,
para satisfazer seus próprios interesses.
Só não alimente sentimento de vingança
e não deixe a maldade lhe contaminar.
Mantenha a sua paz e serenidade
e não deixe de acreditar,
que ainda existe gente boa de verdade,
que em sua vida vai encontrar.
Quanto a quem segue praticando a maldade,
o preço dos seus atos vai chegar.
Tenha a certeza e seja confiante,
pois a vida se encarrega de cobrar.

Não se deixe enganar

Na vida, muitas vezes, as pessoas se deixam enganar
pelas tentações da vaidade.
Passam a viver uma vida de aparências
somente para mostrar para a sociedade.

Passam a viver uma vida de mentiras.
e perdem sua própria identidade.
Escondem suas vidas verdadeiras,
tentando fugir da sua realidade.

O mundo lá fora impõe como devemos viver.
Uma vida a ser mostrada em redes sociais.
de sucesso, diversão e prazer,
exigindo que todas as pessoas sejam iguais.

Deixamos nos enganar pelo mundo virtual,
onde as pessoas vivem a ostentar,
uma vida de fantasia como se esta fosse a real,
onde o importante não é ser ou ter, mas sim aparentar.

Aparentar uma vida de prosperidade.
Aparentar uma imagem de vencedor.
Mostrar para o mundo uma falsa realidade,
presente na tela de um celular ou computador.

Muitas pessoas parecem possuir a necessidade
de mostrar ao mundo uma vida perfeita,
sem problemas e dificuldades,
deixando-se levar pela indústria da ilusão.

Apresentar uma vida normal não é suficiente.
É preciso mostrar uma grande satisfação,
de uma vida bem-sucedida,
porque a sociedade nos cobra perfeição.

Na verdade, o que essas pessoas querem é aceitação.
Em suas redes sociais tudo é bonito e perfeito,
passando aos outros a sensação,
de que possuem uma vida maravilhosa e incrível.

Infelizmente muitos transmitem essa imagem,
pelo medo de se tornarem invisíveis para o mundo.
Se deixam guiar pelo ego e a vaidade,
e se envolvem numa teia de mentiras.

Apesar de todas as lutas e dificuldades,
devemos aceitar nossas vidas.
Temos que escolher o caminho da verdade
e não nos esconder atrás de máscaras.

A maior perfeição que existe é a sinceridade.
Por isso a única vida que devemos mostrar,
é a verdadeira, sem medo do que os outros irão pensar.
Só não vale a pena, é mentir para agradar.

É necessário cultivar a honestidade
e somente o que é real apresentar.
Pois um dia a casa cai,
e o que era prazer, em dor se tornará.

O que eram likes se traduzirá em risos
O que era luxúria e beleza, se transformará
em vergonha e tristeza,
porque no fim, a verdade prevalecerá.

Por tudo isso, o melhor que devemos fazer
é nossa vida própria e real aceitar
Se queremos um dia vencer,
temos que enfrentar os desafios e sempre lutar.

Não devemos ver como modelo a vida dos outros,
e tentar em nossas vidas concretizar.
Todos nós temos talentos preciosos
e em nosso potencial devemos confiar.

Não viva uma vida falsa para apenas
em redes sociais postar.
O que temos de melhor é a nossa imagem verdadeira
e essa sim devemos ter orgulho de mostrar!

Lutas

É preciso que
a gente aprenda
que na vida,
há situações
que devemos
colocar vírgula
e prosseguir escrevendo
de onde parou.
Mas têm outras,
que é necessário
colocar um ponto final
e partir para a próxima linha!
Lute por aquilo
e por aqueles
que realmente valem a pena!

Não vale a pena

Não vale a pena insistir em relacionamentos
Onde os sentimentos não são recíprocos.
Não vale a pena viver sem emoção, deixar de se aventurar,
e conhecer coisas novas pelo medo do desconhecido.
Não vale a pena deixar de sonhar e lutar,
pelo simples medo dos desafios,
e de seus sonhos e ideais não alcançar.

Não vale a pena desperdiçar seu tempo,
com pessoas que não gostam de você.
Não vale a pena deixar de aproveitar cada momento,
buscando o ter ao invés de ser.
Não vale a pena continuar em um trabalho
que não gosta de fazer,
somente por mera necessidade e obrigação.
Trabalhe naquilo que lhe satisfaz,
e faça tudo com amor e dedicação.

Não vale a pena deixar de falar
aquilo que sente e pensa,
e adoecer engasgado com as próprias palavras,
porém, não fale de ninguém em sua ausência.
Não vale a pena manter amizades falsas,
por medo de viver na solidão.
Cultive apenas amizades verdadeiras
e terá paz em seu coração.

Não vale a pena deixar de fazer
tudo aquilo que gosta e te faz feliz,
com medo do que os outros vão dizer.
Cada um é responsável pela sua felicidade,
faça a sua acontecer.
Não vale a pena usar da maldade
com aqueles que te fizeram sofrer.
Não vale a pena deixar de praticar a bondade,
por ter sido vítima da má fé alheia.

Não vale a pena chorar em vão
por aqueles que não merecem suas lágrimas.
Não vale a pena guardar em seu coração,
tristezas, dores e mágoas.
Controle sempre sua emoção,
e tenha uma alma equilibrada.
Às vezes é bom ouvir a voz da razão,
para tomar atitudes mais sensatas.

Não vale a pena deixar de se entregar ao amor,
porque alguém te iludiu e te fez sofrer.
Esqueça todo sofrimento e dor,
pois alguém especial ainda vai aparecer.
Não vale a pena ficar esperando
que as oportunidades venham até você.
Tenha coragem para seguir sempre lutando,
e com atitude, faça a vida acontecer!

A vida, amigo, é uma grande jornada,
onde tudo pode acontecer.
Não tenha uma alma vazia.
Deixe-a transbordar e viver.
Leve contigo a sabedoria,
de que para ser feliz de verdade,
só depende de você.
Portanto amigo, lute pela sua felicidade!

Então, vamos lá...

E da vida eu muito observo,
e absorvo tudo com coração.
Já vi amores cegos
e beijos sem emoção.
Percebi beijos sem lábios
de quem ama com paixão.
Presenciei eternos instantes
vividos com emoção.
Observei amores distantes
que não sabe a razão
de ainda estarem juntos.
Vi olhares profundos,
afagarem mais do que abraços.
Viajarei por vários mundos
usando apenas a imaginação.
Ouvi a sabedoria do silêncio,
e escutei palavras ditas em vão.
Já vi risadas tristes
de quem não sabe dizer não.
Observando aprendi bastante.
Enxerguei com coração.
E dessa singela observância,
eu aprendi uma lição:
Feliz é quem deixa a alma
viver a emoção,
dessa vida tão rara!

Uma voz a te falar

Olá, pessoa,
hoje eu quero te falar.
Contar uma coisa boa,
eu sei que você vai gostar.
Sabe aquela sua dor,
que te machuca a tanto tempo?
Ela logo vai passar.
E aquele lindo sonho,
que você guarda em seu peito?
Você irá realizar!
Olha pessoa,
preciso te falar,
na vida tudo passa,
então continue a lutar.
Não viva só por viver,
não espere o tempo passar.
Sua felicidade só depende de você,
basta ter fé e acreditar
e fazer a vida acontecer.
E então? Vamos lá?

Estarei sempre aqui

Sei que está difícil,
há muito tempo te vejo sofrer.
Mas não deixe de sorrir
e nunca pare de sonhar.
Oportunidades vão surgir
e você ainda tem muito a conquistar.
Apesar do sofrimento
e da dor que vive a lhe torturar,
cultive bons pensamentos,
pois a felicidade vai chegar.
Sei bem o que estou falando
pois estou sempre ao seu lado.
Continue caminhando
sempre de cabeça erguida.
Coisas lindas estão para acontecer
ao longo da sua vida.
Sei que você deve estar pensando
quem sou eu a lhe falar.
Eu sou o seu destino
e nunca vou te abandonar.

Sensações

Tem coisas na vida,
que realmente
não foram feitas
para ser entendidas,
mas sim para ser sentidas.

E sobre o primeiro amor

E quem nunca se lembra do primeiro amor?
Do primeiro beijo...
Do primeiro toque de mãos...
Existem vários amores,
amores de todos os tipos.
Mas o único que é inesquecível,
é o primeiro amor.
Talvez pelo fato da pureza envolvida,
da descoberta das sensações corporais
que o amor nos causa.
A vida nos leva a vários caminhos
e braços diversos.
Provamos várias bocas e peles.
Mas o gosto que não vamos nos esquecer jamais,
é o gosto do primeiro beijo.
É impossível esquecer o perfume
da pessoa que demos o primeiro abraço de amor.
Existem sim várias formas de amar.
Algumas são mais intensas.
Outras sem muito prazer.
Amores maiores e menores.
Normais e insanos.
Mas o primeiro é único.
Não por ser mais forte, intenso,
ou qualquer coisa do tipo.
Mas por ser verdadeiro.

Simples assim!

Sou uma eterna apaixonada
pela simplicidade da vida!
Gosto de coisas simples!
Sou fã de atitudes sublimes;
Sorrisos bobos;
Olhos nos olhos;
Toques singelos;
Abraço apertado;
Mãos que afagam;
Palavras amáveis;
Beijo na testa;
Atenção ao ouvir;
Olhar que acalenta;
Cumprimentos gentis.
Gosto de tudo aquilo
que os olhos não veem,
mas o coração é capaz de sentir.
Nas coisas mais simples da vida,
é que estão, as mais belas e verdadeiras alegrias!
Nas pessoas de almas simples,
estão os corações mais humildes e sinceros.
São essas que valem a pena conhecer.
São nos amores mais sublimes,
que tudo é mais verdadeiro e intenso!
E tudo que é simples é bom de ter, viver e sentir!
Simples assim!

Entre pensamentos e palavras

Eu sou um ser estável e instável ao mesmo tempo.
Posso em corpo está inerte,
mas minha mente está em constante movimento.
Pareço até está em alma ausente,
mas em meu olhar distante,
se encontram pensamentos perdidos
procurando se encontrar,
tentando dar sentido,
a esse mundo que não para de girar.
Tenho um jeito meio estranho, até mesmo esquisito,
porque não quero em tudo acreditar,
e navego profundamente em meus pensamentos.
Enquanto muitos preferem falar,
me recolho em meu silêncio
e fico a observar.
Prefiro tentar desvendar o mistério,
que em meus pensamentos ficam a vagar.
Mas, nem sempre fui assim.
Já fui muito de falar,
e com o tempo descobri,
que pessoas que não sabem silenciar,
falam muito porque lá no fundo são vazias.
Aprendi que em muitas situações,
o silêncio se faz necessário.
Palavras são cheias de intenções,
e muitas delas não são tão boas.

São ditas até ao contrário,
para ludibriar milhares de pessoas.
Nem sempre falar é necessário.
Por isso prefiro ser assim,
um ser pensante em um universo,
repleto de palavras soltas ao vento.

Meus pensamentos

Muitas vezes me perco em meu pequeno universo de pensamentos.
Crio minhas situações e meus personagens e vivo uma vida só minha.
Na verdade, muitas vidas...
Muitos personagens...
Inúmeras situações e contextos...
Gosto desse meu universo imaginário,
Creio ele ser bem melhor que o real.
Sou sim uma mente pensante e navego em meus pensamentos sem medo de naufragar.
Sou de sentimentos profundos e não suporto pessoas superficiais.
Em meus pensamentos eu me perco e ao mesmo tempo me encontro.
Estranha?
Ah! Isso eu sei que sou!
E se quiseres me entender, venha navegar comigo em meu mar de pensamentos!

Autenticidade

Sou autêntica mesma!
Não ligo
para o que falam de mim
e nem para o que pensam.
Amo ser quem sou
e não desejaria
ser mais ninguém
nesse mundo
do que eu mesma!

Sobre ela

Não brinque com essa moça,
não tente descrevê-la.
Ela tem em seu interior
muito mais do que todas as descrições.
Ela sabe ser segura de si mesma.
Sabe tomar decisões
e lidar com suas consequências.
Ela luta determinadamente pelo que quer,
e sabe muito bem aonde quer chegar.
Sabe onde é bem-vinda e
onde sua presença é indesejada.
Ela sonha muito,
mas sempre com os pés no chão.
Aprendeu com as duras lições da vida,
quais são os seus limites.
Garota geniosa,
chega às vezes a ser dura em suas palavras
e não tem medo de falar o que pensa.
Mas lá em seu íntimo, é muito extrovertida e animada,
E sabe cativar com sua simpatia.
Sentimental demais, ela é dona de um belo sorriso,
e sabe bem os meios de conquistar.
Mas ela também é humana,
muitas vezes hesita, pois ela tem medo.
Ela tem medo de amar,
pois é capaz de tudo pela felicidade

de quem mora em seu coração.
Ela não conhece outra forma de amar
que não seja perdidamente.
Intensa em atitudes,
ela ama sem saber se realmente vale a pena.
Mas teimosa como é,
ela se entrega de corpo e alma,
pois, tudo que deseja é ser feliz,
mesmo que para isso,
ela corra o risco da dor e da decepção.
Menina que sabe ser mulher.
Mulher com coração de menina.
A vida ainda será dura contigo garota,
mas sua fortaleza não a deixará desistir!

Indescritível

Sou doce, sou azeda.
Sou meiga, sou brava.
Sou fraca e forte.
Inteira e metade.
Eu sou, eu estou.
Sou tudo que quero,
da dúvida a certeza.
Estou em tudo e em todos,
no ódio e no amor,
na loucura e na razão.
Sou fogo, sou gelo.
Tempestade e calmaria.
Sou tudo e nada.
Estou certa e errada.
Eu quero, eu posso.
No vasto universo,
indescritível eu sou.

Sobre julgamentos

As pessoas têm todo o direito de não gostarem de mim e até podem falar o que quiserem ao meu respeito.
Eu não ligo!
Agora, quanto a me julgar?
Ninguém tem esse direito!
Somente eu sei das batalhas que travo diariamente, com os problemas e desafios que surgem em meu caminho.
Não permito de forma alguma que alguém meça meu valor, porque não sou uma mercadoria disponível em uma prateleira qualquer de um mercado.
Sou um ser humano como qualquer outro, com qualidades e defeitos, potencialidades e fraquezas.
Não aceito que me rotulem, porque tenho minha própria identidade e não estou interessada, em renunciar a minha personalidade, para fazer parte de um grupo, ou para ser aceita.
Não vim a este mundo para agradar, não estou à procura de aceitação, porque não gosto de conveniências.
Não estou aberta a negociar meus ideais de vida e comungar de opiniões e princípios que abomino, em troca de vantagens pessoais.
Não me deixo manipular!
De forma alguma vou diminuir quem sou,
para caber em corações de sentimentos rasos, em lugares que não possuem espaço para que eu possa me sentir à vontade e feliz.

Sou profunda demais para pessoas superficiais.
Não estou nesse mundo para viver a sombra de ninguém e muito menos para deixar me guiar por caminhos traçados pelos outros.
Prefiro eu mesma trilhar meu próprio caminho, mesmo que para isso, eu caminhe sob o Sol escaldante. Somente assim eu saberei dar valor a cada conquista que alcançar.
Apenas eu sou capaz de construir o meu caminho, por isso não aceito julgamentos ou críticas, daqueles que nada construíram e de suas vidas não fizeram nada.

O silêncio, a solidão e eu

E para hoje, tudo que quero é meu próprio silêncio.
Ultimamente tenho aprendido muito com o silêncio e a solidão.
Cada dia é sempre um novo aprendizado e por isso,
o dia de hoje será diferente, será destinado à reflexão.
Hoje eu só quero o silêncio e nada mais.
Quem sabe uma xícara de café quente,
e os meus pensamentos de companhia.
Há certas horas que a solidão é necessária
e é preciso desenvolver a arte do silêncio
para poder ficar em paz.
Preciso só de um canto, um lugar.
Preciso ficar invisível para o mundo.
Quero somente minhas boas lembranças,
para acalentar minhas dores.
Quero me relacionar comigo mesma,
fazer as pazes com os meus "eus".
Sou uma incógnita para mim mesma e para os outros.
Sou uma variável.
E hoje, eu só quero ouvir o meu silêncio.
Quero a oportunidade de me encontrar na solidão.
Somente nós três...
O silêncio...
A solidão...
E eu.

A felicidade vai chegar

Nenhuma tempestade é eterna.
Assim também,
nenhuma dor dura para sempre.
Acredite meu bem,
que a alegria vai chegar.
Entenda, porém,
que nenhum ser humano,
está imune do sofrimento.
Ele vem para todos,
mas só dura o momento
que você permite ficar.
Abra-se para a vida
e deixe a felicidade entrar.
Assim como a água leva as impurezas,
o tempo vai carregar,
de seu peito todas as tristezas.
Não deixe se abalar
pelas dificuldades da vida.
Pode parecer difícil,
mas se você em Deus confiar,
nada será impossível,
e dessa dor Ele vai te curar,
para enfim a felicidade,
você poder desfrutar.

O que a gente quer

O que a gente quer?
Bem, são coisas simples de se ter.
A gente quer alguém para conversar,
para ouvir e falar bobagens sobre a vida.
A gente quer abraçar,
ter alguém para nos fazer companhia.
Quem sabe um filme legal para assistir!
Tomar uma bebida gelada.
Alguém que nos faça sorrir,
e soltar aquela gostosa gargalhada!
A gente só quer um alguém,
mas que seja de verdade,
e que nos queira por perto também,
um alguém que deixe saudade.
A gente só quer mesmo é ser feliz,
Viver com serenidade.
Amar alguém sem limites,
sem culpas, sem medo, sem maldade.

Falar

Falar de fato é uma arte,
e são poucos os que a detém.
Às vezes é necessário o silêncio,
quando as palavras não convêm.
Mas quando falar for necessário,
escolha suas palavras muito bem.

Muitos fingem não saber,
que o grande problema em falar
é que quem fala pode esquecer,
mas quem ouve sempre vai lembrar
do que os outros vão dizer.

Seja inteligente antes de falar,
para depois não se arrepender.
Só não se deixe sufocar
com tudo aquilo que é preciso dizer.

Motivos

O que a gente precisa
para seguir em frente,
para ter foco
e lutar para realizar um sonho,
é apenas um motivo!
Encontre o seu
e lute por aquilo que deseja!

Recomeços

Nossos dias são eternos recomeços.
Cada dia que nasce é uma chance que temos de continuar de onde paramos, ou então recomeçar.
E recomeçar é uma forma de darmos a nós mesmos, uma nova oportunidade.
Não podemos e nem devemos, nos acostumar com o que não nos faz bem, com aquilo que não nos torna pessoas felizes e realizados.
Acostumar-se a pessoas que não te encorajam a crescer e acomodar-se a situações que não te causam satisfação e felicidade, somente farão com que sua alma adoeça.
Enquanto tivermos um coração pulsando dentro do peito, vontade para viver e seguir em frente, mesmo diante das adversidades da vida, teremos tempo e motivos para continuar lutando.
Nada e ninguém no mundo, poderão tirar de nós a nossa força e coragem para recomeçar.
Às vezes. fico a lembrar em quantas vezes pensei em desistir..., mas descobri que desistir é sinal de fraqueza e conformismo.
Compreendi que desistir significa deixar de viver.
Percebi que, quanto mais difíceis e árduas forem as batalhas, maior será a satisfação e felicidade quando alcançarmos nossos sonhos e objetivos

Durante minha pequena trajetória de vida até o momento presente, tive inúmeras conquistas e experimentei o gosto das vitórias.
Entretanto, também tive algumas derrotas!
Faz parte da vida que a gente perca algumas vezes, e isso, é devido a nossa falta de experiência que nos conduz ao erro.
O importante é que possamos tirar das derrotas e dos erros, sábias lições para a vida.
Diante das derrotas, nunca desanimei e jamais irei desistir das batalhas que a vida me proporciona, pois, o que me conforta, é saber que a vida não terminou e que eu posso a cada novo dia que nasce, continuar lutando pelos meus sonhos e ideais.
E se eu errar, eu aprendo e começo novamente.
E se tudo der certo, eu sigo em frente!
Sei que, nem sempre a vida coopera em nossos intentos.
Muitas vezes ela é carrasca!
Mas isso não significa que tudo acabou.
Não é um ponto final.
É nessa hora que devemos dar uma pausa, colocar uma vírgula para refletir e descansar.
É nessa hora que precisamos nos reinventar, pois, neste mundo atribulado em que vivemos, e que tudo muda rapidamente em apenas um piscar de olhos, não são os fortes que sobrevivem, mas sim aqueles que têm a capacidade de melhor se adaptar as mudanças da vida.
Exatamente! É preciso mudar! Reinventar-se!

Repensar nossas metas e os meios necessários para alcançá-las. Ainda estamos respirando e com um coração pulsando no peito.
Ainda temos chances e oportunidades.
Precisamos sim ser sujeitos criativos, criar nossas próprias possibilidades e não deixar escapar aquelas que batem em nossa porta e cruzam nosso caminho.
Desistir dos sonhos, nunca foi e nunca será a melhor alternativa. Ainda temos muito chão para caminhar.
Eu ainda não ouvi falar de pessoas bem-sucedidas, que desistiram de seus sonhos e que não sofreram e enfrentaram desafios para realizá-los.
Quem tenta se privar da dor e decide não lutar, não está deixando de sofrer, está desistindo de viver, de conquistar e colher os frutos de sua perseverança, de correr atrás de seus sonhos.
Sofrer faz parte do nosso aprendizado.
Chorar nos faz um bem enorme. Alivia a alma!
Eu já percebi que toda vez que choro, em seguida, sinto uma leve sensação de alívio.
Sinto-me fortalecida e revigorada.
O choro é necessário para o processo de superação, ou quem sabe, de um possível perdão a ser concedido a alguém que nos feriu, ou até a nós mesmos.
Recomeçar é uma forma de renovação. É acreditar no possível.
E não adianta olhar para trás. Seu futuro não está lá.

Abra novas portas, pois, as velhas não nos conduzem para novas possibilidades.
Preencha seu coração de esperanças e seu espírito de fé!
Recomeçar é preciso.
Faça sua vida valer a pena, afinal, só se vive uma única vez. Sua vida é única. Portanto, viva plenamente!

Ela é

Ela é linda
e possui os seus trejeitos.
Às vezes é menina,
em outras é mulher!
Ela é meio louca
e gosta de cantar.
E se reclamar...
Ela canta em inglês!
Ouve MPB, Rock e coisa e tal.
E quando começa a dançar...
Meu Deus! Como ela dança mal!
Ela é bem atrapalhada,
do tipo que anda por aí,
tropeçando nas coisas e levando topadas.
Gosta de desenho animado
e de ouvir e falar coisas engraçadas.
Não está nem aí para a moda.
Veste o que quer para sair.
Pense numa menina maluca!
Ela gosta mesmo é de ler,
e não tem medo da solidão.
Ela sabe bem o que quer.
Adora filmes e odeia novelas.
E quando o assunto é comer...
Melhor nem oferecer!

Ela dá gargalhadas
por qualquer besteira.
Conversa com plantas e animais.
Eterna admiradora da natureza,
ama contemplar paisagens.
Caminha com leveza,
pois sente com emoção,
o vente contra seu corpo.
Ela tem um bom coração,
por isso é chorona.
Não sabe amar de outro jeito
que não seja,
completamente por inteiro.
Garota opiniosa,
ela não dar seu punho para ninguém segurar.
Tem um jeito marrento e é teimosa.
Ela gosta mesmo é de incomodar!
Mas é uma gata manhosa,
e se tratar com jeitinho,
aguentar suas chatices,
ela vai te dar muito carinho.
Ela só quer ser feliz!
Determinada e autêntica,
com suas manias esquisitas,
ela é maluca e excêntrica.
Ela é essa mulher,
com seu jeito bem peculiar,
ela é tudo que quiser!

Valorize-se!

A gente leva muito pontapé no traseiro para aprender a se dar o devido valor. Não digo isso somente para relacionamentos amorosos (também!), mas para todos os outros tipos de relações que estabelecemos com as pessoas ao longo da vida.
Quantas vezes nos diminuímos para engrandecer alguém? A gente e diminuí pelo simples medo de perder amizades, um amor, um emprego...
Muitas das vezes, nem notamos com exatidão quando foi que começamos a perder a nossa identidade para agradar os outros.
Terminamos por perder nossa dignidade e permanecemos em ambientes carregados de sentimentos ruins e na presença de pessoas mesquinhas, que não sabem valorizar o nosso sorriso, nossa dedicação.
Lugares carregados de mesquinharia e desvalorização, não fazem bem para a saúde e a alma de ninguém.
Vai por mim, não se permita a esse tipo de situação! Não vale a pena!
Se alguém não te faz feliz e não reconhece e valoriza suas qualidades, não vale a pena insistir nessa relação!
O melhor a fazer é sair da sombra alheia e deixar que sua luz própria possa brilhar!
Não devemos permanecer em lugares com pessoas rasas e de almas pequenas, onde não cabem a nossa grandeza interior.

Não vale a pena se desgastar com pessoas ingratas e ficar mendigando amor e atenção.
Muitas vezes, temos que escolher o que é melhor para nós e não para os outros, mesmo que para isso seja necessário passar um tempo sozinho.
Então, muitas vezes ficar só é uma solução. A solidão nos ajuda a refletir sobre nossos relacionamentos e ver até que ponto eles nos fazem bem.
Sabemos que muitas das vezes precisamos mudar certos aspectos em nós mesmos. Não somos perfeitos, somos humanos e, portanto, passíveis de erros.
Mas, essas mudanças devem ocorrer para nos tornar pessoas melhores e realizadas, e não para agradar aos outros.
Precisamos nos respeitar e nos amar em primeiro lugar.
Aceitar-nos enquanto pessoas com qualidades e defeitos.
Se não nos conhecermos e não nos amarmos, será difícil conhecer e amar aos outros e ser verdadeiramente amado.
Precisamos reforçar nossa identidade, assumir nossa personalidade e dar valor a nós mesmo.
Precisamos ser fiéis aos nossos princípios de vida, valorizar nossas qualidades enquanto pessoa humana e prezar pelo nosso caráter.
Somente a partir desse momento é que estaremos preparados para nos relacionar com os outros e nos permitir amar e sermos amados.

E saiba de uma coisa, quem realmente nos amar, irá permanecer ao nosso lado não pelo que somos, mas apesar do que somos.
E quem não quiser ficar, deixe partir. Afinal, em nossa vida, somente os verdadeiros permanecem!
Portanto meu amigo, valorize-se e valorize sempre aqueles que estão sempre ao seu lado!
Valorize sobretudo, o amor que você dá e aquele que recebe!

Sobre pessoas

Não gosto de pessoas muito normais. Gosto de pessoas loucas. Daquelas que não têm medo de ser feliz.
Gente certinha demais me dá sono. Pessoas muito sérias com o tempo se tornam rabugentas, do tipo que ninguém consegue ficar perto por muito tempo.
Há pessoas que usam uma espécie de máscara, não se permitem ter certas atitudes por uma questão de tabu, por medo do que os outros vão pensar.
São cheias de regras, pois precisam mostrar para a sociedade que são maduras e sensatas.
Essas são as pessoas que "parecem", mas não "são". Preocupam-se mais com a aparência do que com a essência.
Gosto de pessoas que se aceitam e que se entregam a vida. Pessoas que possuem manias esquisitas, que são fiéis aos seus ideais, falam o que pensam e soltam o verbo!
Gosto de pessoas que falam e fazem coisas engraçadas e que riem de si mesmas. Pessoas que se estressam, que choram, que ficam de mau humor, pois são sentimentais. Pessoas que vivem as incertezas da vida e que não deixam de fazer loucuras, são as melhores de se ter por perto.
Pessoas que levam a vida muito a sério, que vivem buscando a perfeição, não são felizes, pois são presas as chatices da sociedade. Levam uma vida muito metódica e

não se arriscam as novidades. Planejam muito e executam pouco.
Gosto mesmo é de gente maluca. Daquelas que passamos horas conversando bobagens e trocamos confidências e juntos damos gargalhadas gostosas. Gente que sabe ser feliz, e vive sem medo do que os outros vão pensar.
Vivemos bons momentos quando nos permitimos quebrar a rotina e fazer coisas inesperadas. São nas imperfeições da vida que ela se torna perfeita!
Por isso, gosto de pessoas imperfeitas, pessoas reais.
Gosto de quem se permite fazer loucuras.
Afinal, quem não faz loucuras termina por não ter história para contar!

Tente

Não deixe para amanhã,
Comece hoje!
E se não der certo?
Recomece!
Permita-se viver!
Apesar das dúvidas e incertezas,
você não saberá que é possível
se nunca tentar!

Viva o presente

Não continue revivendo o passado.
Seja ele bom ou ruim,
Não passe a vida assombrado
com lembranças tristes.
Deixe o passado para traz.
Ele simplesmente não volta mais!
Lute pelos seus ideais.
Mas não sofra com o futuro.
Não deixe jamais
de viver o momento presente.
Aproveite-o ao lado de pessoas especiais.
e viva-o com ousadia e sagacidade.
Trabalhe com aquilo
que goste de verdade.
Leia um bom livro,
festeje com sua família,
converse com seus amigos.
Só não deixe de viver!
Leve sempre contigo,
uma grande sabedoria,
escute o que eu digo:
- O presente é uma dádiva.
Por isso meu amigo,
viver de verdade é uma coisa rara.
Viva plenamente o presente,
porque o tempo, este não para!

Pessoas boas

Existem muitas pessoas boas
espalhadas pelo mundo.
Pessoas que despertam em nós
os sentimentos mais profundos,
de alegria e gratidão.

São pessoas boas de verdade,
que carregam amor no coração.
São repletas de generosidade,
que podemos perceber
em tudo o que elas fazem.

Pessoas que sabem viver
sem prejudicar ninguém.
São sempre gentis e honestas
e procuram fazer sempre o bem,
a todo aquele que delas precisar.

Pessoas boas não mentem,
para tentar nos agradar.
São honestas com o que sentem,
e não usam máscaras para enganar.
Elas prezam sempre pela sinceridade.

Pessoas assim são raras de encontrar.
Elas não cultivam a maldade
e pelo ódio não se deixam contaminar.
São pessoas que possuem humildade,
e sabem sempre com os problemas lidar.

Elas transmitem uma paz imensa.
em seu jeito de sorrir e olhar.
Possuem uma alma profunda e intensa
e sabedoria na hora de falar,
sempre com uma voz calma e serena.

Sorte daquele que em sua jornada
tem a sorte e o prazer,
de pessoas boas encontrar.
Elas são verdadeiras dádivas
e nos fazem no bem acreditar.

Essas pessoas são verdadeiramente
um milagre em nossas vidas.
Elas estão sempre contentes
e possuem o dom de aliviar
as tristezas e as dores da gente.

Essas pessoas sabem respeitar,
cada um com seu jeito de ser.
Elas têm o dom de nos animar
com sua alegria e simplicidade,
porque a paz e o amor estão sempre a cultivar.

E se você algum dia encontrar alguém
que te faz feliz e te coloca para cima,
uma pessoa rara e que só sabe fazer o bem,
permita que essa pessoa entre na sua vida.
É com essa que você deve se deixar contagiar!

Saudade

E de repente
bate aquela saudade...
Um tempo...
Um lugar...
Uma lembrança apenas...
E nada mais.

Velha infância

Quando eu era criança,
nossas redes sociais eram as calçadas.
A gente sabia aproveitar a infância,
e na rua quem fazia a festa era a criançada.
Tudo que a gente queria era brincar.
Brincávamos de pula-corda e bolinhas de gude.
Corria debaixo do sol ou da chuva,
e mesmo assim a gente esbanjava saúde.
Latas vazias viravam panelinhas,
e meias velhas bola de queimada.
A gente brincava com pedrinhas,
de futebol, pique-esconde,
pique-pega e amarelinha.
A rua era nosso ponto de encontro,
onde ficávamos todos os dias,
contando causos de terror e outras histórias.
A gente era feliz e não sabia.
E agora só nos restam recordações
de uma infância bem vivida.
Estão gravadas em nossos corações
a imagem de pessoas especiais:
professores, amigos da escola e da rua,
vizinhos e familiares.
Pessoas que marcaram nossa história.
Algumas ainda continuam junto a nós.
Outras estão guardadas na memória.

Lembramos com carinho,
de lugares, cores e cheiros.
A escola, a casa do vizinho
o cheiro de terra molhada,
o barulho da chuva,
o canto dos passarinhos.
São boas lembranças
que estão guardadas em nossos corações.
Mesmo que a infância,
seja uma época que passa tão rapidamente,
ela nos deixa recordações,
que parece até que a vida toda não é suficiente
para revivermos aquelas alegres sensações.
E assim, a gente carrega diariamente,
uma história marcada pela simplicidade,
A história de uma maravilhosa infância,
onde a fantasia se tornava nossa realidade.
Tudo isso recarrega nossa vida de esperança,
de reviver toda a alegria e felicidade,
presente no coração de uma criança.

Dia do Trabalhador

Hoje o mundo deveria dar mais valor,
a todos aqueles que cedo levantam,
para construir um mundo melhor.
A você que trabalha toda uma vida,
mas que nesse Dia do Trabalhador,
não tem sua dedicação reconhecida
e continua sem valor!

O trabalhador
é quem constrói a Nação.
Aquele que derrama o seu suor,
dedica-se de coração,
para que não falte para sua família,
a sobrevivência, um lar,
e nem o pão de cada dia.

Hoje é comemorado no mundo inteiro,
o dia do Trabalhador.
O dia daquele que faz tudo direito
com dedicação e amor,
para não perder seu emprego.
Mas, nem sempre quem trabalha,
tem seu valor reconhecido.

Ah! Trabalhador!
Você que luta diariamente

faça chuva ou faça sol, faça frio ou calor!
Você que trabalha incansavelmente,
muitas vezes sem comida e sem saúde,
mas não desiste e segue em frente.
Você é um sonhador!

O mundo deve mais respeito
a você trabalhador,
dona de casa, advogado, pedreiro,
médico, gari ou professor.
Policial, enfermeira, carpinteiro,
arquiteto ou agricultor.
Seja qual for sua profissão,
todos têm o seu valor!

Trabalhador! Trabalhadora!
Dignos de reconhecimento e respeito!
Que deixa sua família, seu lar,
que foge da seca, da fome e do desemprego,
e vai longe trabalhar,
apela ao desapego,
mas sempre sonha para casa voltar,
e nunca perde a esperança
de um dia tudo melhorar.

Trabalhador,
que canta, sorrir e muitos vezes chora,
Nunca deixe de ser um sonhador.

Deus abençoa a cada um que trabalha,
com dedicação, compromisso e amor!
Tenha sempre essa fé e esperança,
pois se o mundo não te der valor,
Há um Ser especial que tudo pode e tudo vê,
Ele enviou seu Filho, nosso Salvador,
para que todos àqueles que Nele creem,
tenha Seu reconhecimento e amor!

Parabéns a você trabalhador!

Mês de junho pode entrar!

Chegou o mês de junho.
É festa lá no meu sertão
Tem folguedo e tem fogueira.
Tem festa de São João,
e forró a noite inteira.
Aqui no meu sertão,
o povo vai se alegrar.
A quadrilha é tradição
e o povo todo vai dançar,
ao som do Gonzagão!
Vai ter festa junina
com muito xote e baião.
Meninos e meninas
vão fazer a animação,
até o sol raiar!
Mês de junho pode entrar,
Comida boa este mês,
com certeza não vai faltar!
Tem canjica e pamonha
e muito milho para assar!
O povo está te esperando,
mês de junho pode entrar!
Esse é o mês do ano,
que o povo vai festejar
o dia de cada santo,
com fogueira e oração,

pedindo pra Deus abençoar
a chuva e a plantação,
que traz vida e prosperidade
para o povo do Sertão!
E quando o mês acabar,
só vai restar muita saudade.
Mas lá no coração,
boas lembranças vão ficar
desses dias de festividade,
das danças, das quadrilhas
e do povo a sua felicidade!
Mês de junho é tradição,
vamos todos aproveitar
esses trinta dias com emoção.
E nos dias de São Pedro,
Santo Antônio e São João,
todos vão rezar o terço!
E as moças quando rezar,
vão pedir em segredo,
um moço bom para se casar,
ao Santo Antônio casamenteiro.
Mês de junho pode entrar!
Em torno da fogueira
estaremos a festejar,
ao som de música caipira
e ao brilho do luar

O que temos para dar

Chega um tempo na vida
que a gente aprende
que ninguém nos decepciona.
Nós é que colocamos expectativa demais
sobre as pessoas.
Cada um é aquilo que faz
e dar aquilo que tem para oferecer.
Ninguém dá aquilo que não tem
e muito menos demonstra aquilo que não sente.
Afinal, o coração é como uma taça,
e o amor é como um vinho.
E a taça só transborda quando está cheia.

Amar não é precisar

Decepções nem sempre são ruins em nossa vida.
Na verdade, elas são necessárias para aprendermos a viver, e saber quem é quem.
De fato, quando esperamos demais de alguém e criamos expectativas, corremos sempre o risco de nos decepcionar. Contudo, a culpa não está no outro e sim em nós mesmos.
Isso porque ninguém é obrigado a satisfazer nossas expectativas. Da mesma forma, nós também não temos a obrigação de satisfazer as de ninguém.
Na busca por aceitação ou de reconhecimento, muitas vezes a gente tenda se moldar a parâmetros exigidos pela sociedade para sermos "ideais" a alguém.
E no final das contas, perdemos a nossa essência que nos faz sermos alguém especial.
Eu sempre ouvi muito falar sobre encontrar a alma gêmea, a cara metade, a pessoa que nos completa...
Isso é um erro, porque na verdade, não somos metades, somos pessoas inteiras, e temos que ter alguém que verdadeiramente nos transborde.
Eu já percebi que muitas pessoas ficam juntas por necessidade. Vivem acostumadas a presença umas das outras.
Creio que primeiramente precisamos estar bem com nós mesmos, estar feliz por inteiro, para depois estar com alguém.

Temos que estar com uma pessoa porque gostamos dela e nos sentimos bem ao seu lado, e não por precisão.
Também não devemos obrigá-las a mudar seus comportamentos para que se enquadrem em nosso perfil.
As pessoas são o que são, oferecem o que tem para dar e isso não tem como mudar.
Ninguém deve viver ao lado de alguém porque precisa do outro para viver, por uma necessidade de existência, ou até mesmo de sobrevivência.
Onde há necessidade não há amor, mas sim apego.
É como se no lugar de dizer "eu te amo", fosse dito "eu te preciso". Seria estranho!
Podemos sim dividir sonhos, ideais, e ter objetivos em comum. Isso faz parte de um relacionamento saudável.
Mas tudo isso dependerá unicamente de nós, de nossas atitudes.
Chega um momento em que é necessário parar de buscar pessoas, e cuidar de nós mesmos, assim como já diz a frase: " segredo é não cuidar das borboletas e sim cuidar do jardim para que elas venham até você."
Afinal amor não se pede e nem se mendiga. Amor é sentimento, e como tal deve ser recebido espontaneamente.
Se permitirmos que alguém entre em nossa vida e nos conheça, devemos também dar-lhe o direito de decidir se deseja ou não ficar, com suas qualidades e, apesar de tudo, com seus defeitos.

Pessoas geralmente entram e saem de nossas vidas e, somente aquelas que nos amam por completo, é que realmente merecem ficar.
Aceite-se, cuide-se e ame-se!
A vida se encarregará do restante e no final de tudo, vamos achar não quem estávamos buscando, e sim quem de fato estava procurando por nós!

Coisas de que não gosto

Não gosto de meios termos.
Meias palavras não me convêm.
Não suporto histórias mal contadas,
e mentiras não me caem bem.
Não deixo problemas mal resolvidos
e nem assuntos inacabados.
Comigo é tudo ou nada.
É olho no olho.
Palavra por palavra.
E mesmo certa ou errada,
escolho sempre a verdade.
Não suporto mesquinharia
e nem tão pouco falsidade.
Nem de pessoas que usam de gentilezas
para esconder sua maldade.
Falo tudo o que penso e
penso tudo o que falo,
mas uso sempre do bom senso,
porém, da verdade eu não me calo.

Escute

Escute-me por um segundo
eu preciso lhe dizer.
Falar coisas sobre o mundo
e um pouco de você.
Olha não se esconda,
seja o que deseja ser.
Enquanto muitos tiram onda,
você já sabe o que quer.
Você já fez sua escolha,
sua vitória só depende de você.
Abra essa porta,
e deixe sua alma te guiar.
Sei que o mundo aqui fora
é muito complicado.
Mas o futuro é aqui e agora,
e não dentro desse quarto.
Já passou da hora
de ir lutar pelos seus sonhos.
Seu futuro é agora
e o mundo você vai conquistar.
Entregue-se a arte de viver.
e não se deixe enganar,
pois quanto mais você se esconde,
mais o tempo vai passar.

Desejo a você

Desejo a você,
uma vida repleta de felicidade.
Desejo que durante todo seu viver,
seja de paz e tranquilidade.
Desejo que seu sorriso,
transmita a serenidade,
de quem leva a vida com otimismo.
Desejo que a verdade
prevaleça em suas palavras,
e que suas atitudes,
sejam todas gentis e sensatas.
Desejo que você supere,
todas as tristezas passadas,
e que não permita que,
suas cicatrizes escondidas,
de um passado sofrido,
atrapalhe seus momentos de alegria.
Desejo que você nunca se sinta só,
e tenha sempre ao seu lado uma boa companhia.
Desejo que sua vida tenha sentido,
e que possa intensamente aproveitar
cada momento vivido.

Desejo que durante seu caminhar,
você carregue sempre contigo
a fé e a esperança em Deus,
nosso Pai, Protetor e Amigo.

Gente boa

E tem gente
que chega de mansinho,
que não dá nem para perceber.
Enche-nos de amor e de carinho,
e faz nossa vida
mais gostosa de viver.
Têm gente
que possui todo um jeitinho,
chega como quem não quer nada,
encontra nosso coração
em completo desalinho
e logo faz morada!

As pessoas que marcam nossas vidas

Cada pessoa no mundo é única.
Cada uma tem seu jeito próprio de ser.
Mas tem aquelas que marcam nossas vidas
com sua alegria de viver.
Elas são sempre sinceras,
mas sabem conversar com delicadeza.
São pessoas corajosas e honestas,
que agem sempre com gentileza.

As pessoas que marcam nossas vidas,
têm atitudes de amor.
Possuem uma serena paz no olhar
e sua beleza vêm do interior.
São pessoas que sabem lutar
por aquilo que desejam,
sem passar por cima de ninguém
e nem tentam aos outros prejudicar.

Pessoas que marcam nossas vidas,
nos deixam grandes ensinamentos.
Elas possuem riso solto, têm suas manias,
e como todo mundo, têm seus sentimentos.
Elas também choram, mas sabem superar.
E mesmo diante das adversidades,
elas nunca deixam de sonhar.
com um mundo de paz e igualdade.

Pessoas de bem, gostam de compartilhar.
Elas carregam consigo a simplicidade,
e a ternura no olhar,
de quem leva a vida com humildade.
Estão sempre dispostas a ajudar
e agem sempre com bondade.
São pessoas que têm o dom de amar,
e por onde passam deixam saudade.

Essas pessoas são verdadeiras dádivas.
Elas nos cativam com seu sorriso
e com suas palavras sábias.
Nos transmitem uma imensa paz de espírito
que a gente se deixa logo contagiar.
E quando estamos indecisos,
possuem sempre bons conselhos para nos dar,
e nos fortaleze com seu otimismo.

E se algum dia você encontrar
uma pessoa que transmite paz ao sorrir,
e possui serenidade no olhar,
abra a porta de sua vida e não a deixe partir.
Essas são pessoas raras,
Deixe-a em sua vida permanecer.
Essas são as pessoas que marcam nossas vidas.
São pessoas que valem a pena conhecer

Nunca o desista de você!

Tem gente que não merece o seu carinho.
Tem gente que não é digno do seu amor.
Por mais que você insista, tem gente que não corresponderá aos seus sentimentos. Não lhe darão a devida atenção e afeto que você merece.
Tem muita gente seca de amor por aí, e não vale a pena dedicar tempo a quem não sabe valorizar sua dedicação e carinho.
O melhor a fazer é aquietar o coração e não mais alimentar um sentimento por alguém que não o mereça.
Se o amor não for recíproco, não há por que permanecer em uma relação.
Sei que é muito dolorida a sensação de não sermos amados e reconhecidos como merecemos, mas é preciso que você reconheça a hora certa de se retirar.
Você vai sofrer, vai chorar, contudo, não há dor que seja eterna.
Desista do outro para não desistir de você.
Saiba que não estará perdendo nada, quem perde de verdade é o outro que não soube dar valor e receber o amor imenso que você tinha para dar.
Um dia você vai olhar para trás e compreender que o amor só vale a pena quando é vivido a dois.
Porque no amor, sofrer ou ser feliz é algo opcional.
Faça sempre a opção por você. Ame-se em primeiro lugar!

A essência de escrever

Escrever não é para mim uma arte.
É apenas como procuro expressar
com leveza e simplicidade,
a eterna angústia que é sentir e pensar.

Escrevo seguindo o ritmo do coração.
Procuro decifrar as sensações da alma.
Entre linhas, cada verso é uma canção
onde os pensamentos e emoções criam asas.

Às palavras traduzem sentimentos,
que outrora não foram decifrados.
São descritos singelos momentos,
que há muito tempo no peito estão guardados.

Escrever é uma forma de conectar vidas,
É a arte que traduz toda existência,
de experiências e sensações nunca ditas.
Escrever é extrair da alma a sua essência.

Tudo por eles

Eu levo a vida sempre tentando...
por mais que seja tudo muito difícil,
eu sigo minha caminhada lutando.
Às vezes eu chego a pensar,
que ser feliz é algo impossível.
Tenho vontade de desistir, de parar.
São muitas obstáculos e tribulações
que acho que não vou aguentar.
Eu tento fazer com que as preocupações
não tirem o brilho do meu olhar.
Procuro que as perturbações
não tirem a luz do meu sorriso.
Mas tem horas que não consigo,
e desabo a chorar.
Trago sempre comigo
uma indignação com o mundo,
porque muita coisa não tem sentido.
Tenho um sentimento profundo,
de angustiante e insatisfação,
ao presenciar tanta maldade.
Tenho a triste sensação,
de que é inútil lutar,
de que cada batalha é em vão.
Contudo, diante de todo esse meu pesar,
ainda há uma chama no meu coração
que me motiva a continuar.

Estou exausta, estou cansada...
Mas não vou de forma alguma parar,
não posso cogitar em desistir.
Tenho que erguer a cabeça e batalhar,
porque eles precisam de mim.
Eles são apenas dois inocentes,
que não pediram para estar aqui,
nesse muito cruel e traiçoeiro.
Por eles, sei que vou conseguir.
Por eles enfrento o mundo inteiro,
para poder vê-los sorrir.
É por vocês meus filhos
que eu ainda estou aqui.

www.ingramcontent.com/pod-product-compliance
Ingram Content Group UK Ltd.
Pitfield, Milton Keynes, MK11 3LW, UK
UKHW021956190726
13853UKWH00004B/1563